會計電算化

主編　魏戰爭

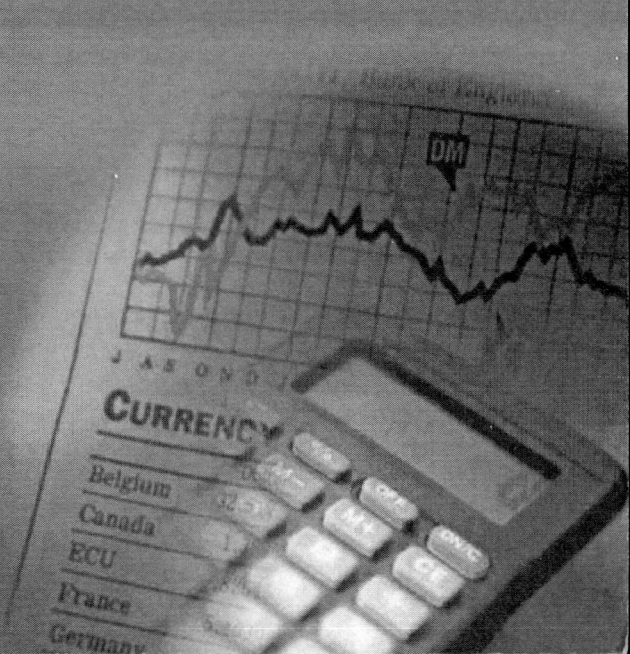

前　　言

本書根據教育部頒布的關於中等職業教育會計專業教學方案、會計電算化課程教學基本要求、教育廳頒布的《中等職業學校會計專業教學標準》和教育廳會計電算化省級品牌示範專業建設的要求，結合會計電算化課堂教學的實際需要而組織編寫的一本實用性、操作性強的會計電算化教材。

本書堅持「以服務為宗旨，以就業為導向，以能力為本位，以學生為主體」的職業教育方針，以適應新形勢下的教學對象、教學規律為根本，以提高學生的綜合素質和職業能力為目標。其內容包括會計電算化概述、會計軟件的運行環境、會計軟件的應用以及電子表格軟件在會計中的應用。在編寫中，力求突出以下特色：

1. **理念先進**。本書以現代教育理念為指引，以現代教育技術為手段，採用案例教學、情境教學和仿真教學，強化培養學生的會計職業技能，提高學生的會計實踐能力。

2. **內容領先**。本書以實用的財務軟件為平臺，以 2014 年修訂的《企業會計準則》和最新財稅、金融等財經法規為依據，以案例資料為載體，以真題為教材教學的藍本，完整、系統地介紹了通用財務軟件的基本功能和使用方法。教材內容在圖表的配合下，讀起來通俗易懂，即使零基礎，也能輕鬆學習。

3. **知識實用**。本書從中等職業學校會計課堂教學實際出發，以會計主體發生的經濟業務為依託，本著「必須、夠用、適用」的原則，把會計和電算化等理論知識融入真實案例，簡明、通俗地介紹了使用計算機和財務軟件進行系統初始化、日常業務處理、期末處理、數據管理等工作流程和操作方法。

4. **突出技能**。本書以培養技能型、實用型會計專業人才為目標，理論聯繫實

際,通過「在做中教、在做中學」,將專業理論知識學習與業務技能操作相結合,實現會計課堂教學與會計工作崗位之間深度而有效的對接。

本書除適合中等職業學校會計電算化專業教學使用外,還可以作為各種形式的會計培訓教材,也是廣大會計從業人員學習會計新知識、新技術的良好讀物。

5.**在線服務**。為幫助廣大考生更好地學習、理解和鞏固教材內容,我們採用了「教材+題庫」的學習模式,考生可以進行在線練習。

本教材由河南省駐馬店財經學校魏戰爭擔任主編,劉國中擔任副主編,參加本書編寫的有:駐馬店市豫龍同力水泥有限公司總會計師張國民、中國聯通駐馬店市分公司高級會計師謝靜、駐馬店市丁偉會計服務有限公司會計師翟丁偉、河南省駐馬店財經學校楊城林、史根峰。第一章由楊城林編寫;第二章、第三章第一節、第二節、第三節、第四節由魏戰爭編寫;第三章第五節、第六節、第七節、第八節由史根峰編寫;第四章由劉國中編寫;全書由魏戰爭統稿。

由於時間倉促、作者水平所限,書中難免存在不足之處,敬請讀者批評指正。

編　者

2016 年 5 月

目 錄

第一章 會計電算化概述 (1)
第一節 會計電算化的概念及其特徵 (1)
第二節 會計軟件的配備方式及其功能模塊 (6)
第三節 企業會計信息化工作規範 (13)
自測題 (18)

第二章 會計軟件的運行環境 (26)
第一節 會計軟件的硬件環境 (26)
第二節 會計軟件的軟件環境 (32)
第三節 會計軟件的網絡環境 (35)
第四節 會計軟件的安全 (38)
自測題 (43)

第三章 會計軟件的應用 (49)
第一節 會計軟件的應用流程 (50)
第二節 系統級初始化 (53)
第三節 帳務處理模塊的應用 (72)
第四節 固定資產管理模塊的應用 (85)
第五節 工資管理模塊的應用 (103)
第六節 應收管理模塊的應用 (114)
第七節 應付管理模塊的應用 (121)
第八節 報表管理模塊的應用 (127)
自測題 (132)

目　錄

第四章　電子表格軟件在會計中的應用 …………………………………（142）

　第一節　電子表格軟件概述 ……………………………………………（143）

　第二節　數據的輸入與編輯 ……………………………………………（163）

　第三節　公式與函數的應用 ……………………………………………（172）

　第四節　數據清單及其管理分析 ………………………………………（193）

　　　自測題 …………………………………………………………………（213）

第一章　會計電算化概述

本章導讀

（1）本章主要介紹了會計電算化的相關概念及其特徵、會計軟件的配備方式以及會計信息化的工作規範。

（2）本章內容在無紙化考試中主要以單項選擇題、多項選擇題、判斷題等客觀題型出現。

結構導航

會計電算化概述
- 第一節　會計電算化的概念及其特徵
  - 一、會計電算化的相關概念
  - 二、會計電算化的特徵
- 第二節　會計軟件的配備方式及其功能模塊
  - 一、會計軟件的配備方式
  - 二、會計軟件的功能模塊
- 第三節　企業會計信息化工作規範
  - 一、會計軟件和服務的規範
  - 二、企業會計信息化的工作規範
  - 三、會計信息化的監督管理

第一節　會計電算化的概念及其特徵

一、會計電算化的相關概念

（一）會計電算化

「會計電算化」一詞是於1981年8月財政部和中國會計學會在長春市召開的「財務、會計、成本應用電子計算機專題討論會」上正式被提出的，是「電子計算機信息技術在會計中的應用」的簡稱。

會計電算化有狹義和廣義之分。狹義的會計電算化是指以電子計算機為主體

的電子信息技術在會計工作中的應用;廣義的會計電算化是指與實現電算化有關的所有工作,包括會計軟件的開發應用及其軟件市場的培育、會計電算化人才的培訓、會計電算化的宏觀規劃和管理、會計電算化制度建設等。會計電算化大大地減輕了會計人員的勞動強度,提高了會計工作的效率和質量,促進了會計工作的轉變。

(二)會計信息化

隨著企業信息化和會計電算化的深入發展,「會計電算化」逐步向「會計管理信息化」(簡稱「會計信息化」)的高級階段邁進。1999年4月初,在深圳召開的「會計信息化理論專家座談會」上,與會專家提出了「會計信息化」這一概念。

會計信息化是指企業利用計算機、網絡通信等現代信息技術手段開展會計核算,以及利用上述技術手段將會計核算與其他經營管理活動有機結合的過程。

會計信息化是從會計電算化、會計信息系統的概念中派生出來的,是信息社會的產物,是未來會計的發展方向。

相對於會計電算化而言,會計信息化是一次質的飛躍。以計算機網絡和現代通信為主的信息技術的廣泛應用,推動建立了計算機技術與會計高度融合的、開放的現代會計信息系統。會計信息已經成為一種重要的管理信息資源。

(三)會計軟件

會計軟件是專門用於會計核算、財務管理的計算機軟件、軟件系統或者其功能模塊,包括一組指揮計算機進行會計核算與管理工作的程序、存儲數據以及有關資料。例如,會計軟件中的帳務處理模塊,不僅包括指揮計算機進行帳務處理的程序、基本數據(會計科目、憑證等),而且包括軟件使用手冊等有關技術資料,用以指導使用人員進行帳務處理操作。

會計軟件通常具有以下主要功能:①為會計核算、財務管理直接提供數據輸入;②生成憑證、帳簿、報表等會計資料;③對會計資料進行轉換、輸出、分析、利用。

會計軟件的分類:

(1)按照使用範圍可分為專用會計軟件和通用會計軟件。

專用會計軟件也稱定點開發軟件。

通用會計軟件是由專業軟件公司研製,公開在市場上銷售,能適用不同行業、不同單位的商品化會計軟件。

(2)按用戶結構劃可劃分為單用戶會計軟件和多用戶(網絡)會計軟件。

(四)會計信息系統

會計信息系統(Accounting Information System,AIS),是指利用信息技術對

會計數據進行採集、存儲和處理,完成會計核算任務,並提供會計管理、分析與決策相關會計信息的系統,其實質是將會計數據轉化為會計信息的系統,是企業管理信息系統的一個重要子系統。

會計信息系統根據信息技術的影響程度可劃分為手工會計信息系統、傳統自動化會計信息系統和現代會計信息系統;根據其功能和管理層次的高低可以分為會計核算系統、會計管理系統和會計決策支持系統。會計核算系統是會計信息系統的基本構成。會計管理系統是會計決策支持系統的基礎,是會計信息的中間層次。會計決策支持系統是會計信息系統的最高層次。

(五)ERP 和 ERP 系統

ERP(Enterprise Resource Planning 的簡稱,譯為「企業資源計劃」),是指利用信息技術,一方面將企業內部所有資源整合在一起,對開發設計、採購、生產、成本、庫存、分銷、運輸、財務、人力資源、品質管理進行科學規劃;另一方面將企業與其外部的供應商、客戶等市場要素有機結合,實現對企業的物資資源(物流)、人力資源(人流)、財務資源(財流)和信息資源(信息流)等資源進行一體化管理(即「四流一體化」或「四流合一」),其核心思想是供應鏈管理,強調對整個供應鏈的有效管理,提高企業配置和使用資源的效率。

ERP 系統通過利用計算機和網絡等現代技術,實現了企業內部甚至企業間的業務集成,在實現高效、即時地共享企業事務處理系統間數據和資源的同時,實現應用間的協同工作,並將一個個孤立的應用集成起來,形成一個協調的企業信息和管理系統。在功能層次上,除了最核心的財務、分銷和生產管理等管理功能以外,ERP 還集成了人力資源、質量管理、決策支持等企業其他管理功能。會計信息系統已經成為 ERP 系統的一個子系統。

(六)XBRL

XBRL(eXtensible Business Reporting Language 的簡稱,譯為「可擴展商業報告語言」),是一種基於可擴展標記語言(Extensible Markup Language)的開放性業務報告技術標準。它以互聯網和跨平臺操作為基礎,專門用於財務報告編製、披露和使用,用於非結構化數據尤其是財務信息的集成、交換和最大化利用,通過對數據統一進行特定的識別和分類,使數據能夠直接為使用者或其他軟件所讀取和進一步處理,實現數據的一次錄入、多次使用和信息共享的效果。

1. XBRL 的作用與優勢

XBRL 的主要作用在於將財務和商業數據電子化,促進了財務和商業信息的

顯示、分析和傳遞。XBRL通過定義統一的數據格式標準,規定了企業報告信息的表達方法。會計信息生產者和使用者可以通過XBRL,在互聯網上有效處理各種信息,並且迅速將信息轉化成各種形式的文件。

企業應用XBRL的優勢如下:

(1)能夠提供更精確的財務報告與更具可信度和相關性的信息。

(2)能夠降低數據採集成本,提高數據流轉及交換效率。

(3)能夠幫助數據使用者更快捷方便地調用、讀取和分析數據。

(4)能夠使財務數據具有更廣泛的可比性。

(5)能夠增加資料在未來的可讀性與可維護性。

(6)能夠適應變化的會計準則制度的要求。

2. 中國XBRL發展歷程

中國的XBRL發展始於證券領域。2003年11月上海證券交易所在全國率先實施基於XBRL的上市公司信息披露標準;2005年1月,深圳證券交易所頒布了1.0版本的XBRL報送系統;2005年4月和2006年3月,上海證券交易所和深圳證券交易所先後加入了XBRL國際組織。此後,中國的XBRL組織機構和規範標準日趨完善。

2008年11月,財政部牽頭,聯合銀監會、證監會、保監會、國資委、審計署、中國人民銀行、稅務總局等部門成立會計信息化委員會暨XBRL中國地區組織。至此,XBRL中國地區組織成立。2009年4月,財政部在《關於全面推進中國會計信息化工作的指導意見》中將XBRL納入會計信息化的標準。2010年10月19日,國家標準化管理委員會和財政部頒布了可擴展商業報告語言(XBRL)技術規範系列國家標準和企業會計準則通用分類標準,這成為中國XBRL發展歷程中的一個里程碑,表明XBRL在中國的各項應用有了統一的架構和技術標準。

二、會計電算化的特徵

與手工會計處理方式相比,會計電算化具有以下特徵:

(一)人機結合

在會計電算化方式下,會計人員填製電子會計憑證並審核後,執行「記帳」功能,計算機將根據程序和指令在極短的時間內自動完成會計數據的分類、匯總、計算、傳遞及報告等工作。

儘管許多會計核算工作基本實現了自動化,但會計數據的收集、審核和輸入等工作仍需人工完成,各種處理指令也需要由人發出。

(二)會計核算自動化、集中化

在會計電算化方式下,試算平衡、登記帳簿等以往依靠人工完成的工作,都由計算機自動完成,大大減輕了會計人員的工作負擔,提高了工作效率。計算機網絡在會計電算化中的廣泛應用,使得企業能將分散的數據統一匯總到會計軟件中進行集中處理,既提高了數據匯總的速度,又增強了企業集中管控的能力。

(三)數據處理及時、準確

利用計算機處理會計數據,可以在較短的時間內完成會計數據的分類、匯總、計算、傳遞和報告等工作。計算機的運算優勢,會計處理流程變得更為簡便,核算結果更為精確。此外,在會計電算化方式下,會計軟件運用適當的處理程序和邏輯控制,能夠避免在手工會計處理方式下出現的一些錯誤。

(四)內部控製多樣化

在會計電算化方式下,與會計工作相關的內部控製制度也將發生明顯的變化。內部控製由過去的純粹人工控製發展成為人工與計算機相結合的控製形式,一部分控製措施融入會計信息系統,使得會計電算化環境下人工控製和軟件控製並存,內部控製的內容更加豐富,範圍更加廣泛,要求更加嚴格,實施更加有效。

[考題例證·單選] (　　)是指企業利用計算機、網絡通信等現代信息技術手段開展會計核算,以及利用上述技術手段將會計核算與其他經營管理活動有機結合的過程。

A.會計信息化　　B.會計電算化　　C.會計軟件　　D.會計程序

【答案】　A

[考題例證·多選] 廣義的會計電算化包括(　　)。

A.會計電算化人才的培養　　B.會計電算化的宏觀規劃

C.會計電算化的制度建設　　D.會計電算化軟件的開發和應用

【答案】　ABCD

[考題例證·多選] 會計電算化的主要特點有(　　)。

A.人機結合　　B.會計核算自動化、集中化

C.數據處理的複雜化　　D.內部控製多樣化

【答案】　ABD

[考題例證·單選] XBRL中國地區組織的成立時間是(　　)。

A.2006年7月　　B.2006年8月　　C.2008年6月　　D.2008年11月

【答案】　D

第二節　會計軟件的配備方式及其功能模塊

一、會計軟件的配備方式

企業配備會計軟件的方式主要有購買、定制開發、購買與開發相結合等方式。

其中,定制開發包括企業自行開發、委託外部單位開發、企業與外部單位聯合開發三種具體開發方式。

(一)購買通用會計軟件

通用會計軟件是指軟件公司為會計工作而專門設計開發,並以產品形式投入市場的應用軟件。企業作為用戶,付款購買即可獲得軟件的使用、維護、升級以及人員培訓等服務。

採用這種方式的優點主要有:①企業投入少、見效快,實現信息化的過程簡單;②會計軟件公司集中了計算機專業技術人員和會計專業人員,由他們共同研發的會計軟件性能穩定、質量可靠,運行效率高,能夠滿足企業的大部分需求;③軟件的維護和升級由軟件公司負責,企業在使用過程中遇到問題可以向軟件公司求助,能夠大大減輕維護軟件的負擔;④商品化軟件安全保密性強,用戶只能執行軟件功能,不能訪問和修改源程序,軟件不易被惡意修改,安全性高。

採用這種方式的缺點主要有:①軟件的針對性不強,通常針對一般用戶設計,如果企業有較為特殊的業務或流程,通用軟件可能沒有對應的功能模塊,即便有對應的功能模塊,也可能難以適應企業自身的處理流程或方式;②軟件功能設置過於複雜,通用軟件常常設置較多的業務處理方法和參數配置選項,業務流程簡單的企業可能感到通用會計軟件過於複雜,不易操作。

(二)自行開發

自行開發是指企業自行組織人員進行會計軟件開發。

採用這種方式的優點主要有:①企業能夠在充分考慮自身生產經營特點和管理要求的基礎上,設計最有針對性和適用性的會計軟件,避免了通用軟件在功能上與企業需求不能完全匹配的不足;②會計軟件在出現問題或需要改進時,由於企業內部員工對系統充分瞭解,企業能夠快速反應,及時高效地糾錯和調整,保證系統使用的流暢性。

採用這種方式的缺點主要有:①系統開發要求高、週期長、成本高,系統開發完

成後,還需要較長時間的試運行;②自行開發軟件系統需要大量的計算機專業人才,普通企業難以維持一支穩定的高素質軟件人才隊伍。

(三)委託外部單位開發

委託外部單位開發是指企業通過委託外部單位進行會計軟件開發。

採用這種方式的優點主要有:①軟件的針對性較強,降低了用戶的使用難度;②對企業自身技術力量的要求不高。

採用這種方式的缺點主要有:①委託開發費用較高;②由於開發人員大多是計算機專業技術人員,對會計業務不熟悉,需要花大量的時間瞭解業務流程和客戶需求,會延長開發時間;③開發系統的實用性差,常常不適用於企業的業務處理流程;④外部單位的服務與維護承諾不易做好,如果企業沒有專業的維護人員很難持久使用。因此,這種方式目前已很少使用。

(四)企業與外部單位聯合開發

企業與外部單位聯合開發是指企業聯合外部單位進行軟件開發,由本單位財務部門和網絡信息部門進行系統分析,外部單位負責系統設計和程序開發工作,開發完成後,對系統的重大修改由網絡信息部門負責,日常維護工作由財務部門負責。

採用這種方式的優點主要有:①開發工作既考慮了企業的自身需求,又利用了外單位的軟件開發力量,開發的系統質量較高;②企業內部人員參與開發,對系統的結構和流程較熟悉,有利於企業日後進行系統維護和升級。

採用這種方式的缺點主要有:①軟件開發工作需要外部技術人員與內部技術人員、會計人員充分溝通,系統開發的週期較長;②企業支付給外單位的開發費用相對較高。

二、會計軟件的功能模塊

(一)會計軟件各模塊的功能描述

完整的會計軟件的功能模塊包括帳務處理模塊、固定資產管理模塊、工資管理模塊、應收、應付管理模塊、成本管理模塊、報表管理模塊、存貨核算模塊、財務分析模塊、預算管理模塊、項目管理模塊、其他管理模塊。

1.帳務處理模塊

帳務處理模塊通常由以下基本功能模塊組成:系統初始化、憑證處理、記帳、銀行對帳、帳表查詢與打印輸出、期末處理、系統維護等。其中,系統初始化的主要內容包括設置系統參數、自定義會計科目體系、記帳憑證類別和格式、帳簿體系、輸入

初始數據等。帳務處理模塊是會計軟件系統的核心模塊,可以與其他功能模塊和業務模塊無縫連接,實現數據共享,其他功能模塊與會計處理相關的數據最終要歸集到帳務處理模塊。

目前許多商品化的帳務處理模塊還包括往來款管理、部門核算、項目核算和管理及現金銀行管理等輔助核算功能模塊。

2. 固定資產管理模塊

固定資產管理模塊主要是以固定資產卡片和固定資產明細帳為基礎,實現固定資產的會計核算、折舊計提和分配、設備管理等功能,同時提供了固定資產按類別、使用情況、所屬部門和價值結構等進行分析、統計和各種條件下的查詢、打印功能,以及該模塊與其他模塊的數據接口管理。其中,基本不變的數據包括姓名、部門、參加工作時間、基本工資等。變動數據包括出勤天數、加班天數等。

3. 工資管理模塊

工資管理模塊是進行工資核算和管理的模塊,該模塊以人力資源管理提供的員工及其工資的基本數據為依據,完成員工工資數據的收集,員工工資的核算,工資發放,工資費用的匯總和分攤,個人所得稅計算和按照部門、項目、個人時間等條件進行工資分析、查詢和打印輸出,以及該模塊與其他模塊的數據接口管理。

4. 應收、應付管理模塊

應收、應付管理模塊以發票、費用單據、其他應收單據、應付單據等原始單據為依據,記錄銷售、採購業務所形成的往來款項,處理應收、應付款項的收回、支付和轉帳,進行帳齡分析和壞帳估計及衝銷,並對往來業務中的票據、合同進行管理,同時提供統計分析、打印和查詢輸出功能,以及與採購管理、銷售管理、帳務處理等模塊進行數據傳遞的功能。

5. 成本管理模塊

成本管理模塊主要提供成本核算、成本分析、成本預測功能,以滿足會計核算的事前預測、事後核算分析的需要。

(1)成本核算功能。通過定義成本核算對象,選擇成本核算方法和各種費用的分配方法,自動對從其他模塊傳遞的數據或業務人員手工錄入的數據進行分類、匯總計算,輸出需要的成本核算結果和其他統計資料。

(2)成本預測功能。運用成本預測方法對部門成本和產品成本進行預測,滿足企業經營決策的需要。

(3)成本分析功能。對分批核算的產品進行追蹤分析,計算部門內部利潤,對

歷史數據進行對比分析,分析計劃成本和實際成本的差異等。

此外,成本管理模塊還具有與生產模塊、供應鏈模塊,以及帳務處理、工資管理、固定資產管理和存貨核算等模塊進行數據傳遞的功能。

6. 報表管理模塊

報表管理模塊與其他模塊相連,可以根據會計核算的數據,生成各種內部報表、外部報表、匯總報表,並根據報表數據分析報表,以及生成各種分析圖等。在網絡環境下,很多報表管理模塊同時提供了遠程報表的匯總、數據傳輸、檢索查詢和分析處理等功能。

7. 存貨核算模塊

存貨核算模塊以供應鏈模塊產生的入庫單、出庫單、採購發票等核算單據為依據,核算存貨的出入庫和庫存金額、餘額,確認採購成本,分配採購費用,確認銷售收入、成本和費用,並將核算完成的數據按照需要,分別傳遞到成本管理模塊、應付管理模塊和帳務處理模塊。

8. 財務分析模塊

財務分析模塊從會計軟件的數據庫中提取數據,運用各種專門的分析方法,完成對企業財務活動的分析,實現對財務數據的進一步加工,生成各種分析和評價企業財務狀況、經營成果和現金流量的各種信息,為決策提供正確依據。

9. 預算管理模塊

預算管理模塊將需要進行預算管理的集團公司、子公司、分支機構、部門、產品、費用要素等對象,根據實際需要分別定義為利潤中心、成本中心、投資中心等不同類型的責任中心,然後確立各責任中心的預算方案,指定預算審批流程,明確預算編製內容,進行責任預算的編製、審核、審批,以便實現對各個責任中心的控制、分析和績效考核。利用預算管理模塊,既可以編製全面預算,又可以編製非全面預算;既可以編製滾動預算,又可以編製固定預算、零基預算;同一責任中心,既可以設置多種預算方案,編製不同預算,又可以在同一預算方案下,選擇編製1個月、1個季度、1年、3年、5年等不同預算期的預算。預算管理模塊還可以實現對各子公司預算的匯總、對集團公司及子公司預算的查詢,以及根據實際數據和預算數據自動進行預算執行差異分析和預算執行進度分析等。

10. 項目管理模塊

項目管理模塊主要是對企業的項目進行核算、控製與管理。項目管理主要包括項目立項、計劃、跟蹤與控製、終止的業務處理以及項目自身的成本核算等功能。

該模塊可以及時、準確地提供有關項目的各種資料，包括項目文檔、項目合同、項目的執行情況，通過對項目中的各項任務進行資源的預算分配，即時掌握項目的進度，及時反應項目執行情況及財務狀況，並且與帳務處理、應收管理、應付管理、固定資產管理、採購管理、庫存管理等模塊集成，對項目收支進行綜合管理，是對項目的物流、信息流、資金流的綜合控制。

11. 其他管理模塊

根據企業管理的實際需要，其他管理模塊一般包括領導查詢模塊、決策支持模塊等。領導查詢模塊可以按照領導的要求從各模塊中提取有用的信息，並將數據進一步加工、整理和分析，以最直觀的表格和圖形顯示，使得管理人員通過領導查詢模塊及時掌握企業信息。決策支持模塊利用現代計算機、通信技術和決策分析方法，通過建立數據庫和決策模型，實現向企業決策者提供及時、可靠的財務和業務決策輔助信息的目的。

上述各模塊既相互聯繫又相互獨立，有著各自的目標和任務，它們共同構成了會計軟件，實現了會計軟件的總目標。

(二)會計軟件各模塊的數據傳遞

會計軟件是由各功能模塊共同組成的有機整體，為實現相應功能，相關模塊之間相互依賴、互通數據(見圖1-1)。

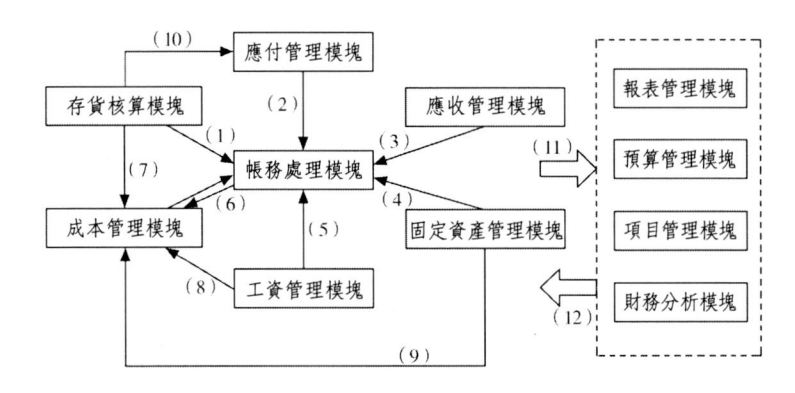

圖1-1　會計軟體各模塊的數據傳遞關係

(1)存貨核算模塊生成存貨入庫、存貨估價入帳、存貨出庫、盤虧殘損、存貨銷售收入、存貨期初餘額調整等業務的記帳憑證，並傳遞到帳務處理模塊，以便用戶審核登記存貨帳簿。

(2)應付管理模塊完成採購單據處理、供應商往來處理、票據新增、付款、退票

處理等業務後,生成相應的記帳憑證並傳遞到帳務處理模塊,以便用戶審核登記賒購往來及其相關帳簿。

(3)應收管理模塊完成銷售單據處理、客戶往來處理、票據處理及壞帳處理等業務後,生成相應的記帳憑證並傳遞到帳務處理模塊,以便用戶審核登記賒銷往來及其相關帳簿。

(4)固定資產管理模塊生成固定資產增加、減少、盤盈、盤虧、固定資產變動、固定資產評估和折舊分配等業務的記帳憑證,並傳遞到帳務處理模塊,以便用戶審核登記相關的資產帳簿。

(5)工資管理模塊進行工資核算,生成分配工資費用和應交個人所得稅等業務的記帳憑證,並傳遞到帳務處理模塊,以便用戶審核登記應付職工薪酬及相關成本費用帳簿。

(6)成本管理業務處理中,如果計入生產成本的間接費用和其他費用定義為來源於帳務處理模塊,則成本管理模塊在帳務處理模塊記帳後,從帳務處理模塊中直接取得間接費用和其他費用的數據;如果不使用工資管理、固定資產管理、存貨核算模塊,則成本管理模塊還需要在帳務處理模塊記帳後,自動從帳務處理模塊中取得材料費用、人工費用和折舊費用等數據;成本管理模塊的成本核算完成後,要將結轉製造費用、結轉輔助生產成本、結轉盤點損失和結轉工序產品耗用等記帳憑證數據傳遞到帳務處理模塊。

(7)存貨核算模塊為成本管理模塊提供材料出庫核算的結果;成本管理模塊提供給存貨核算模塊半成品、產成品入庫成本以進行半成品、產成品出庫核算。

(8)工資管理模塊為成本管理模塊提供人工費資料,其中應屬於成本開支範圍的工資分攤結果由成本管理模塊登記到成本錄入資料中。

(9)固定資產管理模塊為成本管理模塊提供固定資產折舊費數據。

(10)存貨核算模塊將應計入外購入庫成本的運費、裝卸費等採購費用和應計入委託加工入庫成本的加工費傳遞到應付管理模塊。

(11)報表管理和財務分析模塊可以從各模塊取數編製相關財務報表,進行財務分析;預算管理模塊需要獲得責任中心的相關業務數據;項目管理模塊的所有業務均可以根據實際情況傳遞到帳務處理模塊,並生成相應的會計分錄,這些會計分錄包括項目成本、費用、收入等。

(12)預算管理模塊編製的預算經審核批准後,生成各種預算申請單,再傳遞給帳務處理模塊、應收管理模塊、應付管理模塊、固定資產管理模塊、工資管理模塊,進行責任控制。項目管理模塊中發生和項目業務相關的收款業務時,可以在應收

發票、收款單或者退款單上輸入相應的信息,並生成相應的業務憑證傳遞至帳務處理模塊;發生和項目相關採購活動時,其信息也可以在採購申請單、採購訂單、應付模塊的採購發票上記錄;在固定資產管理模塊引入項目數據可以更詳細地歸集固定資產建設和管理的數據;項目的領料和項目的退料活動等數據可以在存貨核算模塊進行處理,並生成相應憑證傳遞到帳務處理模塊。

此外,各功能模塊都可以從帳務處理模塊獲得相關的帳簿信息。存貨核算、工資管理、固定資產管理、項目管理等模塊均可以從成本管理模塊獲得有關的成本數據。

[考題例證・單選] 帳務處理模塊是以( )為數據處理起點。

A.憑證 B.報表
C.單據 D.帳簿

【答案】 A

[考題例證・單選] 下列屬於外購通用會計軟件的缺點是( )。

A.成本高 B.維護沒有保障
C.見效慢 D.難以適應企業特殊的業務或流程

【答案】 D

[考題例證・多選] 固定資產管理模塊主要是以( )為基礎。

A.固定資產卡片 B.固定資產明細帳
C.固定資產種類 D.固定資產編碼

【答案】 AB

[考題例證・多選] 下列能進行帳齡分析的模塊有( )。

A.帳務處理模塊 B.應付管理模塊
C.應收管理模塊 D.報表管理模塊

【答案】 BC

[考題例證・多選] 下列屬於會計電算化信息系統的獲取方式有( )。

A.委託開發 B.購買通用軟件
C.聯合開發 D.自行開發

【答案】 ABCD

[考題例證・多選] 會計核算軟件各個功能模塊中,( )模塊既接受傳來的數據,又向其他模塊傳遞數據。

A.帳務處理 B.工資核算
C.成本核算 D.報表管理

【答案】 ABC

[考題例證·判斷] 工資管理模塊可以實現個人所得稅計算的功能。（　　）

【答案】 √

第三節　企業會計信息化工作規範

一、會計軟件和服務的規範

(1)會計軟件應當保障企業按照國家統一會計準則制度開展會計核算，不得有違背國家統一會計準則制度的功能設計。

(2)會計軟件的界面應當使用中文並且提供對中文處理的支持，可以同時提供外國或者少數民族文字界面對照和處理支持。

(3)會計軟件應當提供符合國家統一會計準則制度的會計科目分類和編碼功能。

(4)會計軟件應當提供符合國家統一會計準則制度的會計憑證、帳簿和報表的顯示和打印功能。

(5)會計軟件應當提供不可逆的記帳功能，確保對同類已記帳憑證的連續編號，不得提供對已記帳憑證的刪除和插入功能，不得提供對已記帳憑證日期、金額、科目和操作人的修改功能。

(6)鼓勵軟件供應商在會計軟件中集成可擴展商業報告語言(XBRL)功能，便於企業生成符合國家統一標準的 XBRL 財務報告。

(7)會計軟件應當具有符合國家統一標準的數據接口，滿足外部會計監督需要。

(8)會計軟件應當具有會計資料歸檔功能，提供導出會計檔案的接口，在會計檔案存儲格式、元數據採集、真實性與完整性保障方面，符合國家有關電子文件歸檔與電子檔案管理的要求。

(9)會計軟件應當記錄生成用戶操作日誌，確保日誌的安全、完整，提供按操作人員、操作時間和操作內容查詢日誌的功能，並能以簡單易懂的形式輸出。

(10)以遠程訪問、雲計算等方式提供會計軟件的供應商，應當在技術上保證客戶會計資料的安全、完整。對於因供應商原因造成客戶會計資料洩露、毀損的，客戶可以要求供應商承擔賠償責任。

(11)客戶以遠程訪問、雲計算等方式使用會計軟件生成的電子會計資料歸客

戶所有。軟件供應商應當提供符合國家統一標準的數據接口供客戶導出電子會計資料，不得以任何理由拒絕客戶導出電子會計資料的請求。

(12)以遠程訪問、雲計算等方式提供會計軟件的供應商，應當做好本廠商在不能維持服務的情況下，保障企業電子會計資料安全以及企業會計工作持續進行的預案，並在相關服務合同中與客戶就該預案做出約定。

(13)軟件供應商應當努力提高會計軟件相關服務質量，按照合同約定及時解決用戶使用中的故障問題。會計軟件存在影響客戶按照國家統一會計準則制度進行會計核算問題的，軟件供應商應當為用戶免費提供更正程序。

(14)鼓勵軟件供應商採用呼叫中心、在線客服等方式為用戶提供即時技術支持。

(15)軟件供應商應當就如何通過會計軟件開展會計監督工作，提供專門教程和相關資料。

二、企業會計信息化的工作規範

(一)會計信息化建設

(1)企業應當充分重視會計信息化工作，加強組織領導和人才培養，不斷推進會計信息化在本企業的應用。除委託代理機構記帳的企業外，企業應當指定專門機構或者崗位負責會計信息化工作。未設置會計機構和配備會計人員的企業，由其委託的代理記帳機構開展會計信息化工作。

(2)企業開展會計信息化工作，應當根據發展目標和實際需要，合理確定建設內容，避免投資浪費。

(3)企業開展會計信息化工作，應當注重信息系統與經營環境的契合，通過信息化推動管理模式、組織架構、業務流程的優化與革新，建立健全適應信息化工作環境的制度體系。

(4)大型企業、企業集團開展會計信息化工作，應當注重整體規劃，統一技術標準、編碼規則和系統參數，實現各系統的有機整合，消除信息孤島。

(5)企業配備會計軟件，應當根據自身技術力量以及業務需求，考慮軟件功能、安全性、穩定性、回應速度、可擴展性等要求，合理選擇購買、定制開發、購買與開發相結合等會計軟件配備方式。

(6)企業通過委託外部單位開發、購買等方式配備會計軟件，應當在有關合同中約定操作培訓、軟件升級、故障解決等服務事項，以及軟件供應商對企業信息安全的責任。

（7）企業應當促進會計信息系統與業務信息系統的一體化,通過業務的處理直接驅動會計記帳,減少人工操作,提高業務數據與會計數據的一致性,實現企業內部信息資源共享。

（8）企業應當根據實際情況,開展本企業信息系統與銀行、供應商、客戶等外部單位信息系統的互聯,實現外部交易信息的集中自動處理。

（9）企業進行會計信息系統前端系統的建設和改造,應當安排負責會計信息化工作的專門機構或者崗位參與,充分考慮會計信息系統的數據需求。

（10）企業應當遵循企業內部控製規範體系要求,加強對會計信息系統規劃、設計、開發、運行、維護全過程的控製,將控製過程和控製規則融入會計信息系統,實現對違反控製規則情況的自動防範和監控,提高內部控製水平。

（11）處於會計核算信息化階段的企業,應當結合自身情況,逐步實現資金管理、資產管理、預算控製、成本管理等財務管理信息化。處於財務管理信息化階段的企業,應當結合自身情況,逐步實現財務分析、全面預算管理、風險控製、績效考核等決策支持信息化。

(二)信息化條件下的會計資料管理

（1）對於信息系統自動生成且具有明晰審核規則的會計憑證,可以將審核規則嵌入會計軟件,由計算機自動審核。未經自動審核的會計憑證,應當先經人工審核再進行後續處理。

（2）分公司、子公司數量多、分佈廣的大型企業、企業集團應當探索利用信息技術促進會計工作的集中,逐步建立財務共享服務中心。實行會計工作集中的企業以及企業分支機構,應當為外部會計監督機構及時查詢和調閱異地儲存的會計資料提供必要條件。

（3）外商投資企業使用的境外投資者指定的會計軟件或者跨國企業集團統一部署的會計軟件,應當符合會計軟件和服務規範的要求。

（4）企業會計信息系統數據服務器的部署應當符合國家有關規定。數據服務器部署在境外的,應當在境內保存會計資料備份,備份頻率不得低於每月一次。境內備份的會計資料應當能夠在境外服務器不能正常工作時,獨立滿足企業開展會計工作的需要以及外部會計監督的需要。

（5）企業會計資料中對經濟業務事項的描述應當使用中文,可以同時使用外國或者少數民族文字對照。

（6）企業應當建立電子會計資料備份管理制度,確保會計資料的安全、完整和

會計信息系統的持續、穩定運行。

（7）企業不得在非涉密信息系統中存儲、處理和傳輸涉及國家秘密、關係國家經濟信息安全的電子會計資料；未經有關主管部門批准，不得將其攜帶、寄運或者傳輸至境外。

（8）企業內部生成的會計憑證、帳簿和輔助性會計資料，同時滿足下列條件的，可以不輸出紙面資料：

①所記載的事項屬於本企業重複發生的日常業務。

②由企業信息系統自動生成。

③可及時在企業信息系統中以人類可讀形式查詢和輸出。

④企業信息系統具有防止相關數據被篡改的有效機制。

⑤企業對相關數據建立了電子備份制度，能有效防範自然災害、意外事故和人為破壞的影響。

⑥企業對電子和紙面會計資料建立了完善的索引體系。

（9）企業獲得的需要外部單位或者個人證明的原始憑證和其他會計資料，同時滿足下列條件的，可以不輸出紙面資料：

①會計資料附有外部單位或者個人的、符合《中華人民共和國電子簽名法》的可靠的電子簽名。

②電子簽名經符合《中華人民共和國電子簽名法》的第三方認證。

③所記載的事項屬於本企業重複發生的日常業務。

④可及時在企業信息系統中以人類可讀形式查詢和輸出。

⑤企業對相關數據建立了電子備份制度，能有效防範自然災害、意外事故和人為破壞的影響。

⑥企業對電子和紙面會計資料建立了完善的索引體系。

（10）企業會計資料的歸檔管理遵循國家有關會計檔案管理的規定。

（11）實施企業會計準則通用分類標準的企業，應當按照有關要求向財政部報送 XBRL 財務報告。

三、會計信息化的監督管理

（1）企業使用會計軟件不符合《企業會計信息化工作規範》（以下簡稱《規範》）要求的，由財政部門責令限期改正。限期不改的，財政部門應當予以公示，並將有關情況通報同級相關部門或其派出機構。

（2）財政部採取組織同行評議、向用戶企業徵求意見等方式對軟件供應商提供

的會計軟件遵循《規範》的情況進行檢查。省、自治區、直轄市人民政府財政部門發現會計軟件不符合《規範》的,應當將有關情況報財政部。

任何單位和個人發現會計軟件不符合《規範》的,有權向所在地省、自治區、直轄市人民政府財政部門反應,財政部門應當根據反應開展調查,發現會計軟件不符合《規範》的,應當將有關情況報財政部。

(3)軟件供應商提供的會計軟件不符合《規範》的,財政部可以約談該供應商主要負責人,責令限期改正。限期內未改正的,由財政部予以公示,並將有關情況通報相關部門。

[考題例證·單選] 企業開展會計信息化工作,應當根據發展目標和實際需要,合理確定( ),避免投資浪費。

　　A.建設內容　　B.人員　　C.部門　　D.結構

【答案】 A

[考題例證·多選] 企業應當遵循企業內部控制規範體系要求,加強對會計信息系統( )過程的控製。

　　A.規劃　　B.設計　　C.開發　　D.運行

【答案】 ABCD

[考題例證·多選] 會計軟件不得提供對已記帳憑證( )的修改功能。

　　A.憑證日期　　B.金額　　C.科目　　D.操作人

【答案】 ABCD

[考題例證·多選] 會計軟件應當提供符合國家統一會計準則制度的功能有( )。

　　A.會計科目分類　　　　　　B.會計科目編碼

　　C.會計憑證的顯示和打印　　D.報表的顯示和打印

【答案】 ABCD

[考題例證·判斷] 會計軟件的界面應當同時提供外國或者少數民族文字界面對照和處理支持。 ( )

【答案】 ×

[考題例證·判斷] 外商投資企業使用的境外投資者指定的會計軟件或者跨國企業集團統一部署的會計軟件可以不符合會計軟件和服務的規範的要求。

( )

【答案】 ×

自 測 題

一、單項選擇題

1. 會計核算軟件的功能模塊是（　　）。

    A. 一種文件

    B. 一種計算功能

    C. 一種打印功能

    D. 一種有會計數據輸入、處理、輸出功能的軟件程序

2. 會計核算軟件各功能模塊是通過（　　）以記帳憑證為接口連接起來的。

    A. 報表生成與匯總模塊　　　　B. 工資核算模塊

    C. 帳務處理模塊　　　　　　　D. 成本核算模塊

3. 在會計電算化方式下，會計軟件運用適當的處理程序和邏輯控製，能夠避免在手工會計處理方式下出現的一些錯誤體現了會計電算化的（　　）特徵。

    A. 人機結合

    B. 會計核算軟件自動化、集中化

    C. 數據處理及時準確

    D. 內部控製多樣化

4. 專用會計核算軟件一般是（　　）。

    A. 單位購買的商品化軟件

    B. 單位自行開發或委託其他單位開發的會計核算軟件

    C. 適用於多數單位使用的會計核算軟件

    D. 適應多數行業使用的會計核算軟件

5. 企業與外部單位聯合開發是企業配備會計軟件的一種方式，下列說法錯誤的是（　　）。

    A. 此種方式是指企業聯合外部單位進行軟件開發

    B. 在此種方式下，由本單位財務部門和網絡信息部門負責系統設計和程序開發工作，由外單位負責進行系統分析

    C. 開發完成後，對系統的重大修改由本單位網絡信息部門負責

    D. 開發完成後，日常維護工作由本單位財務部門負責

第一章　會計電算化概述

6. 利用信息技術對會計數據進行採集、存儲和處理,完成會計核算任務,並提供會計管理、分析與決策相關的系統是( )。

　　A. ERP 系統　　　　　　　　　B. 會計電算化系統

　　C. 會計信息系統　　　　　　　D. 管理信息系統

7. 中國的 XBRL 發展始於( )。

　　A. 國際貿易領域　　　　　　　B. 證券領域

　　C. 金融領域　　　　　　　　　D. 銀行領域

8. 購買通用會計軟件的缺點是( )。

　　A. 軟件的針對性不強,通常針對一般用戶設計,難以適應企業特殊的業務或流程

　　B. 購置成本高

　　C. 服務與維護承諾不易做好

　　D. 需要大量的計算機專業人才

9. 會計信息系統分為手工會計信息系統、傳統自動化會計信息系統和現代化會計信息系統的依據是( )。

　　A. 功能和管理層次的高低　　　B. 信息技術的影響程度

　　C. 經營管理方式　　　　　　　D. 經濟運行方式

10. 應收、應付管理模塊以( )為依據,記錄銷售、採購業務所形成的往來款項,處理應收、應付款項的收回、支付和轉帳,進行帳齡分析和壞帳估計及衝銷等功能。

　　A. 發票　　　　　　　　　　　B. 費用單據

　　C. 其他應收、應付單據　　　　D. 以上都是

11. 《企業會計信息化工作規範》於( )起施行。

　　A. 2013 年 12 月 6 日　　　　　B. 2014 年 11 月 6 日

　　C. 2014 年 1 月 6 日　　　　　D. 2014 年 2 月 6 日

12. ERP 強調對整個( )的有效管理,提高企業配置和使用資源的效率。

　　A. 供應鏈　　　B. 人力資源　　　C. 資金　　　D. 信息

13. XBRL 通過定義統一的( ),規定了企業報告信息的表達方法。

　　A. 數據格式標準　　　　　　　B. 界面

　　C. 準則　　　　　　　　　　　D. 方法

14. 企業能將分散的數據統一匯總到會計軟件中進行集中處理,是因為( )在會計電算化中的廣泛應用。

　　A. 信息　　　B. 計算機指令　　　C. 計算機網絡　　　D. 數據

15.企業應當促進（　　）與業務信息系統的一體化,通過業務的處理直接驅動會計記帳。

　　A.決策支持系統　　　　　　　B.管理信息系統

　　C.ERP 系統　　　　　　　　　D.會計信息系統

16.2009 年 4 月,財政部在《關於全面推進中國會計信息化工作的指導意見》中將（　　）納入會計信息化的標準。

　　A.XBRL　　　B.HML　　　C.XML　　　D.HTML

17.一般中、小企業實施會計電算化的做法合理的是（　　）。

　　A.購買商品化會計軟件　　　　B.本單位定點開發軟件

　　C.使用國外會計軟件　　　　　D.從其他企業複製取得會計軟件

18.下列報表中不是在帳務處理系統中編製和輸出的是（　　）。

　　A.資金日報表　　B.科目匯總表　　C.試算平衡表　　D.資產負債表

二、多項選擇題

1.按照會計信息系統的功能和管理層次的高低,可分為（　　）。

　　A.會計核算系統　　　　　　　B.會計管理系統

　　C.會計決策支持系統　　　　　D.會計分析電算化

2.會計軟件是指專門用於會計核算、財務管理的計算機軟件、軟件系統或其功能模塊,具有（　　）功能。

　　A.為會計核算、財務管理直接提供數據輸入

　　B.生成憑證、帳簿、報表等會計資料

　　C.對會計資料進行轉換、輸出、分析、利用

　　D.為企業控製決策提供充足、即時、全方位的信息

3.通用會計核算軟件一般是指（　　）。

　　A.軟件公司為會計工作而專門設計開發

　　B.一種應用軟件

　　C.為某單位使用而開發

　　D.以產品形式投入市場

4.下列關於可擴展業務報告語言（XBRL）說法正確的有（　　）。

　　A.主要作用在於將財務和商業數據電子化,促進了財務和商業信息的顯示、分析和傳遞

　　B.通過定義統一的數據格式標準,規定了企業報告信息的表達方法

　　C.提供更為精確的財務報告與更具可信度和相關性的信息

D.降低數據採集成本,提高數據流轉及交換效率

5.大型企業、企業集團開展會計信息化工作,應當( ),實現各系統的有機整合,消除信息孤島。

  A.注重整體規劃   B.統一技術標準

  C.統一編碼規則   D.統一系統參數

6.下列關於企業會計信息化工作規範說法正確的有( )。

  A.會計軟件應當記錄生成用戶操作日誌,確保日誌的安全、完整

  B.軟件供應商應當努力提高會計軟件相關服務質量,按照合同約定及時解決用戶使用中的故障問題

  C.會計軟件應當提供不可逆的記帳功能,確保對同類已記帳憑證的連續編號,不得提供對已記帳憑證的刪除和插入功能,不得提供對已記帳憑證日期、金額、科目和操作人的修改功能

  D.會計軟件應當具有會計資料歸檔功能,提供導出會計檔案的接口,在會計檔案存儲格式、元數據採集、真實性與完整性保障方面,符合國家有關電子文件歸檔與電子檔案管理的要求

7.對於會計電算化的特徵表述正確的有( )。

  A.在會計電算化方式下,計算機將根據程序和指令在極短的時間內自動完成會計數據的分類、匯總、計算、傳遞及報告等工作

  B.在會計電算化方式下,大大減輕了會計人員的工作負擔,提高了工作效率

  C.利用計算機處理會計數據,可以在較短的時間內完成會計數據的分類、匯總、計算等工作,使會計處理流程更為簡便,核算結果更為精確

  D.在會計電算化方式下,內部控制變為計算機控制,內容更加豐富,範圍更加廣泛,要求更加嚴格,實施更加有效

8.對委託外部單位開發方式配備會計軟件說法正確的有( )。

  A.這種配備方式下的會計核算軟件的針對性較強,降低了用戶的使用難度

  B.這種配備方式系統開發要求高、週期長、成本高

  C.這種配備方式開發人員需要花費大量的時間瞭解業務流程和客戶需求,延長開發時間

  D.這種配備方式下外部單位的服務與維護承諾不易做好

9.ERP系統中的會計信息系統包括( )。

  A.財務會計子系統   B.管理會計子系統

  C.應收應付核算子系統   D.帳務處理子系統

10. 企業應用 XBRL 的優勢主要有( )。

　　A. 幫助數據使用者更快捷方便地調用、讀取和分析數據

　　B. 適應變化的會計準則制度的要求

　　C. 增加資料在未來的可讀性和可維護性

　　D. 使財務數據具有更廣泛的可比性

11. 下列關於會計軟件和服務規範中,對供應商的要求正確的有( )。

　　A. 以遠程訪問、雲計算等方式提供會計軟件的供應商,應當在技術上保證客戶會計資料的安全、完整

　　B. 軟件供應商應當努力提高會計軟件相關服務質量,任何情況下都要及時解決用戶使用中的故障問題

　　C. 鼓勵軟件供應商採用呼叫中心、在線客服等方式為用戶提供即時技術支持

　　D. 軟件供應商應當就如何通過會計軟件開展會計核算工作,提供專門教程和相關資料

12. 對會計信息化的監督管理,說法正確的有( )。

　　A. 省、自治區、直轄市人民政府財政部門發現會計軟件不符合《企業會計信息化工作規範》的,應當將有關情況報財政部

　　B. 軟件供應商提供的會計軟件不符合《企業會計信息化工作規範》的,財政部門可以約談該供應商主要負責人,責令限期改正

　　C. 對於企業使用會計軟件不符合《企業會計信息化工作規範》要求的,且限期不改的,財政部門應當予以公示,並將有關情況通報同級相關部門或其派出機構

　　D. 財政部採取組織同行評議、向用戶企業徵求意見等方式對軟件供應商提供的會計軟件遵循《企業會計信息化工作規範》的情況進行檢查

13. 下列關於報表管理模塊的表述,正確的有( )。

　　A. 提供對外報表的編製、生成、瀏覽、打印、分析功能

　　B. 運用各種專門的分析方法,完成對企業財務活動的分析

　　C. 提供對內報表的編製、生成、瀏覽、打印、分析功能

　　D. 在網絡環境下,很多報表管理模塊同時提供遠程報表的匯總功能

14. 下列表述正確的有( )。

　　A. 會計電算化是指以電子計算機為主體的電子信息技術在會計工作中的應用

B.會計軟件包括一組指揮計算機進行會計核算與管理工作的程序、存儲數據以及有關資料

C.會計信息化是指企業利用計算機、網絡通信等現代信息技術手段開展會計核算,以及利用上述技術手段將會計核算與其他經營管理活動有機結合的過程

D.會計信息系統是指利用信息技術,將內部資源和外部資源進行有機結合,實現四流合一的系統

15. 下列選項中,屬於會計軟件功能的有( )。

   A.為會計核算、財務管理直接提供數據輸入

   B.生成憑證、帳簿、報表等會計資料

   C.對會計資料進行轉換、輸出、分析、利用

   D.編製生產計劃

16. 會計信息系統是指完成會計核算任務,並提供會計( )相關會計信息的系統。

   A.管理   B.分析   C.決策   D.對策

17. XBRL的主要作用在於將財務和商業數據電子化,促進了財務和商業信息的( )。

   A.顯示   B.分析   C.傳遞   D.產生

18. 在會計電算化方式下,內部控制的特點有( )。

   A.內容更加豐富   B.範圍更加廣泛

   C.要求更加嚴格   D.實施更加有效

19. 採用自行開發這種方式的缺點主要有( )。

   A.系統開發要求高

   B.開發週期長、成本高

   C.系統開發完成後,還需要較長時間的試運行

   D.自行開發軟件系統需要大量的計算機專業人才

20. 下列屬於項目管理模塊功能的有( )。

   A.項目立項   B.項目跟蹤與控制

   C.終止的業務處理   D.項目自身的成本核算

21. 下列關於會計信息系統表述正確的有( )。

   A.會計信息系統是一個組織處理會計業務的系統

   B.會計信息系統是一個內部系統,因此只能為企業的管理者提供財務信息

C. 會計信息系統是一個封閉的系統,與其他系統沒有信息聯繫,保證了會計數據的安全

D. 會計信息系統提供的財務信息,為企業的經營活動和決策活動服務

三、判斷題

1. 2010 年 10 月 19 日,財政部頒布了 XBRL 技術規範系列國家標準和企業會計準則通用分類標準。   (   )

2. 通用會計核算軟件安全保密性強,購置成本相對較低。   (   )

3. 會計信息化以構建和實施有效的企業內部控製為指引,集成管理企業的各種資源和信息。   (   )

4. 自行開發的會計核算軟件專業性強,一般開發費用也較低。   (   )

5. 對於某些特殊行業和企業,可以在通用會計核算軟件基礎上開發專用模塊,以適應特殊行業和企業。   (   )

6. 在功能層次上,ERP 不僅包括最核心的財務、分銷和生產管理,還包括了人力資源、質量管理、決策支持等企業其他管理功能。   (   )

7. 存貨核算系統是財務核算系統的一個子系統,它和總帳之間不存在數據傳輸關係。   (   )

8. 中國會計電算化工作起始於 20 世紀 90 年代。   (   )

9. 帳務處理子系統不僅可以直接處理來自記帳憑證的信息,而且可以接收來自各核算子系統的自動轉帳憑證。   (   )

10. 企業進行會計信息系統的建設和改造,應當安排負責會計信息化工作的專門機構或者崗位參與,充分考慮會計信息系統的數據需求。   (   )

11. 決策支持系統是一種輔導人員進行決策的人機會話系統,代替人類進行決策,降低決策風險。   (   )

12. 由於會計核算自動化、集中化的特點,計算機將根據程序和指令在極短的時間內自動完成會計數據的分類、匯總、計算、傳遞及報告等工作。   (   )

13. 企業通過與外部單位聯合開發、購買等方式配備的會計軟件,應當在有關合同中約定操作培訓、軟件升級、故障解決等服務事項,以及軟件供應商對企業信息安全的責任。   (   )

14. 會計軟件各模塊共同構成了會計軟件,實現了會計軟件的總目標。 (   )

15. 預算管理模塊編製的預算經審核批准後,生成各種預算申請單。   (   )

16. 會計軟件應當具有符合國家統一標準的數據接口。   (   )

17. XBRL通過定義統一的顯示界面,規定了企業報告信息的表達方法。
( )

18. 廣義的會計電算化是指與實現會計工作電算化有關的所有工作。( )

19. 完整的會計軟件包括帳務處理、應收管理、應付管理、工資管理、固定資產管理、存貨核算、預算管理、成本管理、報表管理、財務分析、項目管理、其他管理等功能模塊。
( )

第二章　會計軟件的運行環境

本章導讀

(1)本章主要介紹了會計軟件的運行環境,包括硬件環境、軟件環境、網絡環境以及會計軟件的安全問題。

(2)本章內容在無紙化考試中主要以單項選擇題、多項選擇題、判斷題等客觀題型出現。

結構導航

會計軟件的運行環境
- 第一節　會計軟件的硬件環境
  - 一、硬件設備
  - 二、硬件結構
- 第二節　會計軟件的軟件環境
  - 一、軟件的類型
  - 二、安裝會計軟件的前期準備
- 第三節　會計軟件的網絡環境
  - 一、計算機網絡基本知識
  - 二、會計信息系統的網絡組成部分
- 第四節　會計軟件的安全
  - 一、安全使用會計軟件的基本要求
  - 二、計算機病毒的防範
  - 三、計算機黑客的防範

第一節　會計軟件的硬件環境

一個完整的計算機系統由硬件系統和軟件系統兩部分組成。如果一臺計算機只有硬件沒有軟件,則稱之為「裸機」。

一、硬件設備

硬件設備一般包括輸入設備、處理設備、存儲設備、輸出設備和通信設備(網絡電纜等)。

第二章 會計軟件的運行環境

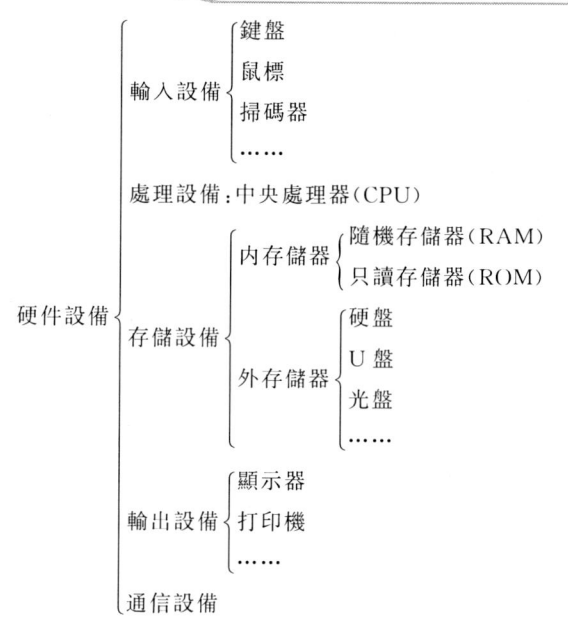

$$
\text{硬件設備}\begin{cases}\text{輸入設備}\begin{cases}\text{鍵盤}\\\text{鼠標}\\\text{掃碼器}\\\cdots\cdots\end{cases}\\\text{處理設備：中央處理器(CPU)}\\\text{存儲設備}\begin{cases}\text{內存儲器}\begin{cases}\text{隨機存儲器(RAM)}\\\text{只讀存儲器(ROM)}\end{cases}\\\text{外存儲器}\begin{cases}\text{硬盤}\\\text{U盤}\\\text{光盤}\\\cdots\cdots\end{cases}\end{cases}\\\text{輸出設備}\begin{cases}\text{顯示器}\\\text{打印機}\\\cdots\cdots\end{cases}\\\text{通信設備}\end{cases}
$$

圖 2-1　硬件設備的構成

(一)輸入設備

計算機常見的輸入設備有鍵盤、鼠標、光電自動掃描儀、條形碼掃描儀(又稱掃碼器)、二維碼識讀設備、POS機、芯片讀卡器、語音輸入設備、手寫輸入設備等。

1.鍵盤

在會計軟件中，鍵盤一般用來完成會計數據或相關信息的輸入工作。各種數據、命令及指令都可以通過鍵盤輸入微型計算機系統中。鍵盤分為4個鍵區：主鍵盤區、功能鍵區、編輯控製鍵區和數字鍵區。如圖2-2所示。

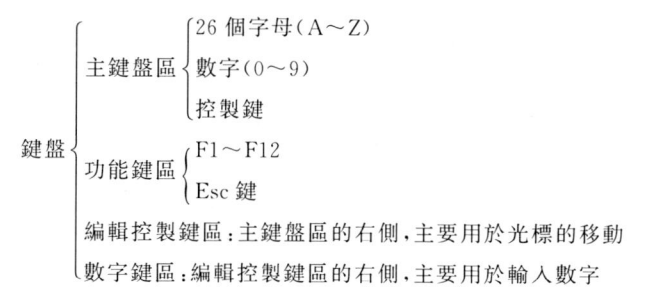

$$
\text{鍵盤}\begin{cases}\text{主鍵盤區}\begin{cases}\text{26個字母(A~Z)}\\\text{數字(0~9)}\\\text{控製鍵}\end{cases}\\\text{功能鍵區}\begin{cases}\text{F1~F12}\\\text{Esc鍵}\end{cases}\\\text{編輯控製鍵區：主鍵盤區的右側，主要用於光標的移動}\\\text{數字鍵區：編輯控製鍵區的右側，主要用於輸入數字}\end{cases}
$$

圖 2-2　鍵盤的組成

鍵盤與主機的接口一般有兩種：PS/2接口和USB接口。

2.鼠標

在會計軟件中,鼠標一般用來完成會計軟件中的各種用戶指令,選擇會計軟件各功能模塊的功能菜單。鼠標的分類如圖2-3所示。

$$鼠標\begin{cases}根據定位原理\begin{cases}機械式\\光電式\end{cases}\\接口類型\begin{cases}無線鼠標\\有線接口\begin{cases}PS/2\\USB\end{cases}\end{cases}\end{cases}$$

圖2-3　鼠標的分類

3.掃描儀

掃描儀可把圖像數字化後輸入計算機以供計算機修改處理。在會計軟件中,掃描儀一般用來完成原始憑證單據的掃描,並將掃描結果存入會計軟件相關數據庫中。

(二)處理設備

處理設備主要是指計算機主機,其核心部件是中央處理器,還有內存儲器。處理設備主要按照程序給出的指令序列,分析並執行指令,CPU的構成如圖2-4所示。

$$CPU\begin{cases}運算器:也稱自述邏輯單元,可以完成加減乘除運算和邏輯判斷\\控製器:整個計算機的指揮中心,控製計算機各部件自動連續地工作\end{cases}$$

圖2-4　CPU的構成

(三)存儲設備

存儲器是指計算機系統中具有記憶能力的部件,用來存放程序和數據。基本功能是在控製器的控製下按照指定的地址存入和取出各種信息。存儲器分為內存儲器和外存儲器。如圖2-5所示。

$$存儲設備\begin{cases}內存儲器(內存)\begin{cases}隨機存儲器(RAM)\\只讀存儲器(ROM)\end{cases}\\外存儲器(外存)\begin{cases}硬盤\\U盤\\光盤\end{cases}\end{cases}$$

圖2-5　存儲設備的分類

(1)內存儲器,簡稱內存,一般又稱為主存儲器或主存,用於存儲正在執行中的程序和當前使用的數據(包括計算結果和中間結果),直接與CPU交換信息。

隨機存儲器(RAM),既可從中讀取數據又可向它寫入數據,但關機後,其中的數據將全部消失。

只讀存儲器(ROM),只能讀出、不能寫入,依靠電池供電,關閉計算機電源,信息不消失。

(2)外存儲器,簡稱輔助存儲器,簡稱外存,主要用來存儲大量的暫不參加運算或處理並需要長期保留的數據和程序;容量較大,關機後信息不會丟失。

存儲容量:

比特(bit):最小的存儲單位即一個「0」或「1」。

字節(byte):最基本的存儲單位,1個字節由8個位組成,簡稱「B」。

存儲容量單位還有 KB 千字節、MB 兆字節、GB 吉字節、TB 太字節。

它們之間的換算關係如下:

1B=8bit

1KB=1 024B=2^{10}B

1MB=1 024KB=2^{20}B

1GB=1 024MB=2^{20}KB=2^{30}B

1TB=1 024GB=2^{20}MB=2^{30}KB=2^{40}B

(四)輸出設備

輸出設備是指用來輸出計算機處理結果的設備,把各種計算結果數據或信息以數字、字符、圖像、聲音等形式表示出來。常用的輸出設備有顯示器、打印機、繪圖儀等。如圖2-6所示。

輸出設備 { 顯示器:在會計軟件中,既可以顯示用戶在系統中輸入的各種命令和信息,也可以顯示系統生成的各種會計數據和文件
打印機:在會計軟件中用於打印輸出各類憑證、帳簿、財務報表等各種會計資料 }

圖2-6 輸出設備

顯示器可分為陰極射線管顯示器(CRT)和液晶顯示器(LCD)等。顯示器效果不僅取決於顯示器的質量,更要看顯卡的位置。

常見的顯示卡有以下兩種:

(1)VGA 標準,分辨率為 640×480 像素或更高,能顯 16 種或更多顏色。

(2)SVGA 和 TVGA 標準,分辨率可達 1 280×1 024 像素,能顯示 256 種以上的顏色。

打印機按其原理可分為擊打式打印機和非擊打式打印機兩類。

(1)擊打式打印機:針式打印機。

(2)非擊打式打印機:激光打印機、噴墨打印機等。

二、硬件結構

硬件結構是指硬件設備的不同組合方式。電算化會計信息系統中的硬件結構通常有單機結構、多機松散結構、多用戶結構和微機局域網絡四種形式。

(一)單機結構

單機結構屬於單用戶工作方式,一臺微機同一時刻只能一人使用。

單機結構的優點在於使用簡單、配置成本低、數據共享程度高、一致性好;其缺點在於集中輸入速度低,不能同時允許多個成員進行操作,並且不能進行分佈式處理,適用於數據輸入量小的企業。

(二)多機松散結構

多機松散結構是指有多臺微機,但每臺微機都有相應的輸入輸出設備,每臺微機仍屬單機結構,各臺微機不發生直接的數據聯繫(通過磁盤、光盤、U盤、移動硬盤等傳送數據)。

多機松散結構的優點在於輸入輸出集中程度高、速度快;其缺點在於數據共享性能差,系統整體效率低,主要適用於輸入量較大的企業。

(三)多用戶結構

多用戶結構又稱為聯機結構,整個系統配備一臺計算機主機(通常是中型機,目前也有較高檔的微機)和多個終端(終端由顯示器和鍵盤組成)。主機與終端的距離較近(0.1千米左右),並為各終端提供虛擬內存,各終端可同時輸入數據。

多用戶結構的優點在於會計數據可以通過各終端分散輸入,並集中存儲和處理;缺點在於費用較高,應用軟件較少,主機負載過大,容易形成擁塞,主要適用於輸入量大的企業。

(四)微機局域網絡

微機局域網絡(又稱為網絡結構),是由一臺服務器(通常是高檔微機)將許多中低檔微機連接在一起(由網絡接口卡、通信電纜連接),相互通信、共享資源,組成一個功能更強的計算機網絡系統。

微機局域網絡通常分為客戶機 服務器結構和瀏覽器 服務器結構兩種結構,主要適用於大中型企業。

第二章　會計軟件的運行環境

1. 客戶機/服務器(C/S)結構

客戶機 服務器結構是指整個系統配置一臺或多臺服務器以及大量客戶機的體系結構。根據應用程序向另外一臺計算機請求數據庫服務的計算機稱為客戶機(Client)，而處理客戶機數據庫請求的計算機稱為服務器(Server)。

客戶機 服務器結構模式下，服務器配備大容量存儲器並安裝數據庫管理系統，負責會計數據的定義、存取、備份和恢復，客戶端安裝專用的會計軟件，負責會計數據的輸入、運算和輸出。

客戶機 服務器結構的優點在於技術成熟、回應速度快，適合處理大量數據；其缺點在於系統客戶端軟件安裝維護的工作量大，且數據庫的使用一般僅限於局域網的範圍內。因此，客戶機 服務器結構通常適用於地理位置集中的企業。

2. 瀏覽器/服務器(B/S)結構

瀏覽器 服務器結構是指客戶端採用瀏覽器(Browser)運行軟件的體系結構。

瀏覽器 服務器結構模式下，服務器是實現會計軟件功能的核心部分，客戶機上只需安裝一個瀏覽器，用戶通過瀏覽器向分佈在網絡上的服務器發出請求，服務器對瀏覽器的請求進行處理，將用戶所需信息返回到瀏覽器。

瀏覽器 服務器結構的優點在於維護和升級方式簡單，運行成本低；其缺點是應用服務器運行數據負荷較重。

[考題例證·單選] 在會計軟件中，掃描儀一般用來完成(　　)操作。

A. 會計數據輸入　　　　　　B. 選擇功能菜單

C. 相關信息的輸入　　　　　D. 原始憑證和單據的掃描

【答案】　D

[考題例證·單選] 多機松散結構通過(　　)傳送數據。

A. 網絡　　　B. 通信線路　　　C. 打印機　　　D. 磁盤

【答案】　D

[考題例證·單選] 微型計算機的內存儲器比外存儲器(　　)。

A. 存儲容量大　B. 存儲可靠性高　C. 讀寫速度快　D. 價格便宜

【答案】　C

[考題例證·單選] 目前實施會計電算化較理想的應用模式是(　　)。

A. 單機結構和多機松散結構　　B. 多用戶結構

C. 計算機網絡結構　　　　　　D. 客戶機 服務器結構

【答案】　D

［考題例證·多選］ 計算機的存儲器包括（　　）。

A. 內存儲器　　　B. 大存儲器　　　C. 小存儲器　　　D. 外存儲器

【答案】　AD

［考題例證·多選］ 下列屬於內存儲器的有（　　）。

A. RAM　　　　B. ROM　　　　C. DVD-ROM　　　D. CPU

【答案】　AB

［考題例證·多選］ 下列各存儲器中，計算機系統關閉後，其存儲數據不消失的有（　　）。

A. 光盤　　　　B. 硬盤　　　　C. 主存　　　　D. 外存

【答案】　ABD

［考題例證·判斷］ 在會計軟件中，鍵盤一般用來選擇各功能模塊的菜單。（　　）

【答案】　×

［考題例證·判斷］ 瀏覽器 服務器結構模式下，服務器是實現會計軟件功能的核心部分。（　　）

【答案】　√

第二節　會計軟件的軟件環境

一、軟件的類型

軟件系統是指使用計算機所運行的全部程序的總稱。計算機軟件可分為系統軟件和應用軟件兩大類。軟件的分類如圖2-7所示。

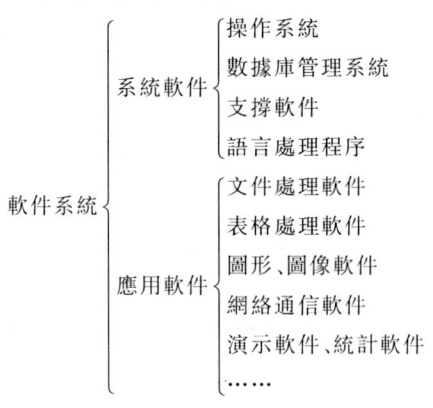

軟件系統
- 系統軟件
  - 操作系統
  - 數據庫管理系統
  - 支撐軟件
  - 語言處理程序
- 應用軟件
  - 文件處理軟件
  - 表格處理軟件
  - 圖形、圖像軟件
  - 網絡通信軟件
  - 演示軟件、統計軟件
  - ……

圖2-7　軟件系統圖

(一)系統軟件

1. 操作系統

操作系統是系統軟件的核心,是最基本、最重要的系統軟件,是計算機系統必不可少的基本組成部分。它負責:

(1)支撐應用程序的運行環境及用戶操作環境的系統軟件。

(2)對硬件直接監管。

(3)管理各種計算機資源以及提供面向應用程序的服務等功能。

比較通用的操作系統有 Windows、UNIX、Linux。

2. 數據庫管理系統

數據庫管理系統是一種操作和管理數據庫的大型軟件,目的是用於建立、使用和維護數據庫。微機系統常用的單機數據庫管理系統有 Visual FoxPro、Access;網絡環境的大型數據庫管理系統有 Sybase、Oracle、SQL Server 等。數據庫與會計軟件聯繫緊密,會計軟件必須有數據庫支持。數據庫系統的組成如圖 2-8 所示。

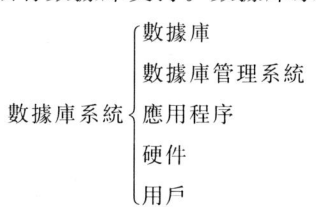

$$數據庫系統 \begin{cases} 數據庫 \\ 數據庫管理系統 \\ 應用程序 \\ 硬件 \\ 用戶 \end{cases}$$

圖 2-8　數據庫系統組成

3. 支撐軟件

支撐軟件又稱為軟件開發環境,是介於系統軟件和應用軟件之間的一個中間軟件。

支撐軟件是指為配合應用軟件有效運行而使用的工具軟件。在安裝支撐軟件後,用戶可以對計算機進行一次系統環境檢測,以保證這些支撐軟件與會計軟件相兼容。如 IBM 公司的 WebSphere、微軟公司的 Studio.NET 等。

4. 語言處理程序

語言處理程序是一種翻譯程序,其功能是將用匯編或高級語言編寫的程序翻譯成計算機可以直接識別和執行的機器指令代碼,包括匯編語言程序、編譯程序和解釋程序。

程序設計語言主要包括:①機器語言,是用二進製表示,計算機唯一能直接識別和直接執行的語言;②匯編語言,是一種符號化的機器語言;③高級語言,其表達方式更接近於人類自然語言的思維邏輯。常用的有 C 語言、C++語言、Java 語言、

Basic 語言等。

(二)應用軟件

應用軟件是為解決各類實際問題而專門設計的軟件。通用應用軟件大致可分為文、表、圖、網、演、統計等幾大類。如表 2-1 所示。

表 2-1 應用軟件

應用軟件	描述	常用軟件
文字處理軟件	用於文字輸入、存儲、修改、編輯和多種字體、字型輸出等。	常用的 WPS 文字、四通利方和 Word。
表格處理軟件	根據用戶需求,自動生成各種表格,進行管理、組織和處理多種數據等,可以完成各種財務報表的製作。	常用的 Lotus 1-2-3 和 Excel。
圖形、圖像軟件	可分為彩色圖像處理軟件和繪圖軟件。	Auto CAD 和 Photoshop。
網絡通信軟件	(1)用於實現網絡底層屬於系統軟件性質的通信協議的通信軟件或協議轉換軟件。 (2)用於實現各種網絡應用的軟件。	電子郵件(E-mail)、網絡文件傳輸(FTP)、網絡瀏覽器。
演示軟件	用於演講報告、教學、產品發布、展覽會演示等各類材料的製作。	PPT。
統計軟件	以統計的方法處理數值數據的軟件。	SAS、SPSS。

二、安裝會計軟件的前期準備

在安裝會計軟件前,技術支持人員必須首先確保計算機的操作系統符合會計軟件的運行要求。某些情況下,技術支持人員應該事先對操作系統進行一些簡單的配置,以確保會計軟件能夠正常運行。

在檢查並設置完操作系統後,技術支持人員需要安裝數據庫管理系統。

會計軟件的正常運行需要某些支撐軟件的輔助。因此,在設置完操作系統並安裝完數據庫管理系統後,技術支持人員應該安裝計算機缺少的支撐軟件。

在確保計算機操作系統滿足會計軟件的運行要求,並安裝完畢數據庫管理軟件和支撐軟件後,技術支持人員方可開始安裝會計軟件,同時應考慮會計軟件與數據庫系統的兼容性。

[考題例證・單選] 下列選項中,屬於系統軟件的是( )。

A. 操作系統軟件 B. 辦公自動化軟件

C. 圖書管理軟件 D. 會計軟件

【答案】 A

[考題例證·多選] 目前常用的數據庫管理系統有(　　)。
　　A. Oracle　　　　　　　　　B. Sybase
　　C. SQL Server　　　　　　　D. Access
【答案】　ABCD

[考題例證·多選] 下列計算機語言中,不以二進制碼表示的有(　　)。
　　A. 機器語言　　B. 匯編語言　　C. 高級語言　　D. Basic 語言
【答案】　BCD

[考題例證·多選] 下列屬於安裝會計軟件的前期準備的有(　　)。
　　A. 安裝操作系統　　　　　　B. 安裝手機支持軟件
　　C. 安裝支撐軟件　　　　　　D. 安裝數據庫管理系統
【答案】　ACD

[考題例證·判斷] 支撐軟件是指為配合應用軟件有效運行而使用的工具軟件。(　　)
【答案】　√

第三節　會計軟件的網絡環境

一、計算機網絡基本知識

(一)計算機網絡的概念與功能

計算機網絡是以硬件資源、軟件資源和信息資源共享以及信息傳遞為目的,在統一的網絡協議控制下,將地理位置分散的許多獨立的計算機系統連接在一起所形成的網絡。

計算機網絡的功能主要體現在資源共享、數據通信、分佈處理三個方面。

(1)資源共享。在計算機網絡中,各種資源可以相互通用,用戶可以共同使用網絡中的軟件、硬件和數據。

(2)數據通信。計算機網絡可以實現各計算機之間的數據傳送,可以根據需要對這些數據進行集中與分散管理。

(3)分佈處理。當計算機中的某個計算機系統負荷過重時,可以將其處理的任務傳送到網絡中較空閒的其他計算機系統中,以提高整個系統的利用率。

(二)計算機網絡的分類

按照覆蓋的地理範圍進行分類,計算機網絡可以分為局域網、城域網和廣域網

三類。

(1)局域網(LAN)。局域網是一種在小區域內使用的,由多臺計算機組成的網絡,覆蓋範圍通常局限在10千米範圍之內,屬於一個單位或部門組建的小範圍網。

(2)城域網(MAN)。城域網是作用範圍在廣域網與局域網之間的網絡,其網絡覆蓋範圍通常可以延伸到整個城市,借助通訊光纖將多個局域網聯通公用城市網絡形成大型網絡,使得不僅局域網內的資源可以共享,局域網之間的資源也可以共享。

(3)廣域網(WAN)。廣域網是一種遠程網,涉及長距離的通信,覆蓋範圍可以是一個國家或多個國家,甚至整個世界。由於廣域網地理上的距離可以超過幾千千米,所以信息衰減非常嚴重,這種網絡一般要租用專線,通過接口信息處理協議和線路連接起來,構成網狀結構,解決尋徑問題。

按通信媒體進行分類,計算機網絡可分為有線網和無線網。

(1)有線網是指採用同軸電纜、雙絞線、光導纖維(光纜)來傳輸數據的網絡。

(2)無線網是指採用微波通信、紅外線通信和激光通信來傳輸數據的網絡。

按使用範圍分類,計算機網絡可分為公用網和專用網。

按配置進行分類,計算機網絡分為同類網、單服務器網和混合網。

(1)同類網又稱對等網,網絡中的每臺計算機既可作為客戶機又可作為服務器來工作,每臺計算機都可以共享其他計算機的資源。

(2)單服務器網是指只有一臺計算機作為整個網絡的服務器,其他計算機是工作站。

(3)混合網是指服務器不止一個,但是並非每個工作站都能作為服務器。

三者的區別:

(1)混合網與單服務器網的區別是各有不止一個服務器。

(2)混合網與同類網的區別在於每個工作站不能既是服務器又是工作站。

二、會計信息系統的網絡組成部分

(一)服務器

服務器,也稱伺服器,是網絡環境中的高性能計算機,它偵聽網絡上的其他計算機(客戶機)提交的服務請求,並提供相應的服務,控製客戶端計算機對網絡資源的訪問,並能存儲、處理網絡上大部分的會計數據和信息。服務器的性能必須適應會計軟件的運行要求,其硬件配置一般高於普通客戶機。

第二章 會計軟件的運行環境

(二)客戶機

客戶機又稱為用戶工作站,是連接到服務器的計算機,能夠享受服務器提供的各種資源和服務。會計人員通過客戶機使用會計軟件,因此客戶機的性能也必須適應會計軟件的運行要求。

(三)網絡連接設備

網絡連接設備是把網絡中的通信線路連接起來的各種設備的總稱,這些設備包括中繼器、交換機(如圖 2-9 所示)和路由器等。

圖 2-9 交換機

☞考點擊破:

(1)客戶機是一個需要某些服務的程序,而服務器則是提供某些服務的程序。一個客戶機可以向許多不同的服務器請求,一個服務器也可以向多個不同的客戶機提供服務。

(2)交換機是一根網線上網,但是上網是分別撥號,各自使用自己的寬帶,上網互不影響。而路由器比交換機多了一個虛擬撥號功能,通過同一臺路由器上網的電腦共用一個寬帶帳號,上網要相互影響。

[考題例證・單選] 單位和部門組建的網絡屬於( )。

A.局域網　　　B.廣域網　　　C.城域網　　　D.因特網

【答案】 A

[考題例證・單選] Internet 屬於下列( )。

A.局域網　　　B.廣域網　　　C.城域網　　　D.對等網

【答案】 B

[考題例證・多選] 下列各項中,屬於計算機網絡主要功能的有( )。

A.資源共享　　B.信息傳遞　　C.分佈處理　　D.多線程處理

【答案】 ABC

[考題例證·多選] 網絡連接設備可以把網絡中的通信線路連接起來,包括(   )。

A.路由器　　　　B.打印機　　　　C.交換機　　　　D.中繼器

【答案】 ACD

[考題例證·判斷] 計算機網絡是在統一的網絡協議下,將地理位置分散的獨立的計算機連接在一起。　　　　　　　　　　　　　　　　　　(　　)

【答案】 √

第四節　會計軟件的安全

一、安全使用會計軟件的基本要求

常見的非規範化操作包括密碼與權限管理不當、會計檔案保存不當、未按照正常操作規範運行軟件等。這些操作可能威脅會計軟件的安全運行。

(一)嚴格管理帳套使用權限

在使用會計軟件時,用戶應該對帳套使用權限進行嚴格管理,防止數據外泄;用戶不能隨便讓他人使用電腦;在離開電腦時,必須立即退出會計軟件,以防止他人偷窺系統數據。

(二)定期打印備份重要的帳簿和報表數據

為防止硬盤上的會計數據遭到意外或被人為破壞,用戶需要定期將硬盤數據備份到其他磁性介質上(如 U 盤、光盤等)。在月末結帳後,對本月重要的帳簿和報表數據還應該打印備份。

(三)嚴格管理軟件版本升級

對會計軟件進行升級的原因:因改錯而升級版本;因功能改進和擴充而升級版本;因運行平臺升級而升級版本。經過對比審核,如果新版軟件更能滿足實際需要,企業應該對其進行升級。

二、計算機病毒的防範

計算機病毒是指編製者在計算機程序中插入的破壞計算機功能或數據,影響計算機使用並且能夠自我複製的一組計算機指令或程序代碼。

(一)計算機病毒的特點

(1)寄生性。病毒可以寄生在正常的程序中,跟隨正常程序一起運行。

(2)傳染性。病毒可以通過不同途徑傳播。

(3)潛伏性。病毒可以事先潛伏在電腦中不發作,然後在某一時間集中大規模爆發。

(4)隱蔽性。病毒未發作時不易被發現。

(5)破壞性。病毒可以破壞電腦,造成電腦運行速度變慢、死機、藍屏等問題。

(6)可觸發性。病毒可以在條件成熟時被觸發。

(二)計算機病毒的類型

1. 按計算機病毒的破壞能力分類

計算機病毒可分為良性病毒和惡性病毒。良性病毒是指那些只佔有系統CPU資源,但不破壞系統數據,不會使系統癱瘓的計算機病毒。與良性病毒相比,惡性病毒對計算機系統的破壞力更大,包括刪除文件、破壞或盜取數據、格式化硬盤、使系統癱瘓等。

2. 按計算機病毒存在的方式分類

計算機病毒可分為引導型病毒、文件病毒和網絡病毒。引導型病毒是在系統開機時進入內存後控制系統,進行病毒傳播和破壞活動的病毒;文件型病毒是感染計算機存儲設備中的可執行文件,當執行該文件時,再進入內存,控制系統,進行病毒傳播和破壞活動的病毒;網絡病毒是通過計算機網絡傳播感染網絡中的可執行文件的病毒。

(三)導致病毒感染的人為因素

1. 不規範的網絡操作

不規範的網絡操作可能導致計算機感染病毒。其主要途徑包括瀏覽不安全網頁、下載被病毒感染的文件或軟件、接收被病毒感染的電子郵件、使用即時通信工具等。

2. 使用被病毒感染的磁盤

使用來歷不明的硬盤和U盤,容易使計算機感染病毒。

(四)感染計算機病毒的主要症狀

當計算機感染病毒時,系統會表現出如下所示的異常症狀:

(1)系統啓動時間比平時長,運行速度減慢。

(2)系統經常無故發生死機現象。

(3)系統異常重新啓動。

(4)計算機存儲系統的存儲容量異常減少,磁盤訪問時間比平時長。

(5)系統不識別硬盤。

(6)文件的日期、時間、屬性、大小等發生變化。

(7)打印機等一些外部設備工作異常。

(8)程序或數據丟失或文件損壞。

(9)系統的蜂鳴器出現異常響聲。

(10)其他異常現象。

(五)防範計算機病毒的措施

防範計算機病毒的措施：

(1)規範使用U盤的操作。在使用外來U盤時應該首先用殺毒軟件檢查是否有病毒，確認無病毒後再使用。

(2)使用正版軟件，杜絕購買盜版軟件。

(3)謹慎下載與接收網絡上的文件和電子郵件。

(4)經常升級殺毒軟件。

(5)在計算機上安裝防火牆。

(6)經常檢查系統內存。

(7)計算機系統要專機專用，避免使用其他軟件。

(六)計算機病毒的檢測與清除

1.計算機病毒的檢測

發現病毒是清除病毒的前提。計算機病毒的檢測方法通常有兩種：

(1)人工檢測。人工檢測是指通過一些軟件工具進行病毒檢測。這種方法需要檢測者熟悉機器指令和操作系統，因而不易普及。

(2)自動檢測。自動檢測是指通過一些診斷軟件來判斷一個系統或一個軟件是否有計算機病毒。自動檢測比較簡單，一般用戶都可以進行。

2.計算機病毒的清除

對於一般用戶而言，清除病毒一般使用殺毒軟件進行。殺毒軟件可以同時清除多種病毒，並且對計算機中的數據沒有影響。

三、計算機黑客的防範

計算機黑客是指通過計算機網絡非法進入他人系統的計算機入侵者。他們對計算機技術和網絡技術非常精通，能夠瞭解系統的漏洞及其原因所在，通過非法闖入計算機網絡來竊取機密信息，毀壞某個信息系統。

(一)黑客常用手段

1. 密碼破解

黑客通常採用的攻擊方式有字典攻擊、假登錄程序、密碼探測程序等,主要目的是獲取系統或用戶的口令文件。

2. IP 嗅探與欺騙

IP 嗅探是一種被動式攻擊,又叫網絡監聽。它通過改變網卡的操作模式來接收流經計算機的所有信息包,以便截取其他計算機的數據報文或口令。

欺騙是一種主動式攻擊,它將網絡上的某臺計算機偽裝成另一臺不同的主機,目的是使網絡中的其他計算機誤將冒名頂替者當成原始的計算機而向其發送數據。

3. 攻擊系統漏洞

系統漏洞是指程序在設計、實現和操作上存在的錯誤。黑客利用這些漏洞攻擊網絡中的目標計算機。

4. 端口掃描

由於計算機與外界通信必須通過某個端口才能進行。黑客可以利用一些端口掃描軟件對被攻擊的目標計算機進行端口掃描,搜索到計算機的開放端口並進行攻擊。

(二)防範黑客的措施

1. 制定相關法律法規加以約束

隨著網絡技術的形成和發展,有關網絡信息安全的法律法規相繼誕生,並有效規範和約束與網絡信息傳遞相關的各種行為。

2. 數據加密

數據加密的目的是保護系統內的數據、文件、口令和控製信息,同時也可以提高網上傳輸數據的可靠性。

3. 身分認證

系統可以通過密碼或特徵信息等來確認用戶身分的真實性,只對確認了身分的用戶給予相應的訪問權限,從而降低黑客攻擊的可能性。

4. 建立完善的訪問控製策略

系統應該設置進入網絡的訪問權限、目錄安全等級控製、網絡端口和節點的安全控製、防火牆的安全控製等。通過各種安全控製機制的相互配合,才能最大限度

地保護計算機系統免受黑客的攻擊。

[考題例證·單選] 下列操作不符合安全使用會計軟件的要求是( )。

　　A.嚴格管理帳套使用權限

　　B.定期打印備份重要的帳簿和報表數據

　　C.嚴格管理會計軟件版本升級

　　D.離開電腦時沒有及時退出會計軟件

【答案】 D

[考題例證·單選] 下列有關計算機病毒的表述中,正確的是( )。

　　A.計算機病毒可以對人身體造成傷害

　　B.計算機病毒是一種傳染力較強的生物細菌

　　C.計算機病毒可以燒毀計算機的電子器件

　　D.計算機病毒是一種人為蓄意編製的具有破壞性的程序

【答案】 D

[考題例證·多選] 對會計軟件進行升級的原因主要有( )。

　　A.因改錯而升級

　　B.因功能改進和擴充而升級

　　C.因運行平臺升級而升級

　　D.因存儲不夠而升級

【答案】 ABC

[考題例證·多選] 下列各項中,屬於黑客常用的入侵手段的有( )。

　　A.密碼破解　　　　　　　　B.IP嗅探與欺騙

　　C.攻擊系統漏洞　　　　　　D.端口掃描

【答案】 ABCD

[考題例證·多選] 下列關於良性病毒說法正確的有( )。

　　A.良性病毒只是惡作劇,沒什麼關係

　　B.良性病毒佔有系統CPU資源,但不破壞系統數據

　　C.良性病毒不具有傳染性

　　D.良性病毒取得系統控製權後,會導致整個系統運行效率降低

【答案】 BD

[考題例證·判斷] 文件病毒是通過計算機網絡傳播感染網絡中的可執行文件的病毒。　　　　　　　　　　　　　　　　　　　　　　　　( )

【答案】 ×

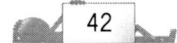

自 測 題

一、單項選擇題

1. 對於硬件結構中的單機結構,說法正確的是(　　)。

    A. 單機結構屬於單用戶工作方式,一臺微機同一時刻多人可以使用

    B. 單機結構可以進行分佈式處理

    C. 單機結構使用簡單,配置成本低

    D. 單機結構適用於數據輸入量較多的企業

2. 下列關於服務器的表述中,正確的是(　　)。

    A. 服務器可以控製客戶端計算機對網絡資源的訪問

    B. 服務器又稱為用戶工作站

    C. 沒有服務器的網站用戶同樣可以進行瀏覽

    D. 服務器的硬件配置屬於普通客戶機

3. 下列關於計算機硬件設備組成部分的描述中,不正確的是(　　)。

    A. 掃描儀在會計軟件中一般用來完成原始憑證和單據的掃描

    B. 會計軟件中的各種數據一般存儲在外存儲器中

    C. 處理設備主要是指中央處理器

    D. 隨機存儲器斷電後,數據將消失

4. 鼠標是微機的一種(　　)。

    A. 輸出設備　　B. 輸入設備　　C. 存儲設備　　D. 運算設備

5. (　　)一般用來存放大量暫時不用的程序和數據。

    A. 運算器　　　B. 控製器　　　C. 內存儲器　　D. 外存儲器

6. 下列各計算機器件中,負責從計算機內存中讀取和執行指令的是(　　)。

    A. 運算器　　　B. 控製器　　　C. 外存儲器　　D. 主機

7. 關於客戶機/服務器結構的說法正確的是(　　)。

    A. C/S結構模式下,服務器是實現會計軟件功能的核心部分

    B. C/S結構模式下,服務器安裝專用的會計軟件,負責會計數據的輸入、運算和輸出

    C. C/S結構模式下,系統客戶端軟件安裝維護的工作量大,數據庫的使用一般僅限於局域網的範圍內

D. C/S 結構模式下,維護和升級方式簡單

8. 下列軟件中,( )不屬於數據庫管理系統。

　　A. Access　　　　　　　　　B. FoxPro

　　C. SQL Server　　　　　　　D. FTP

9. 下列軟件中,屬於系統軟件的是( )。

　　A. 操作系統　　　　　　　　B. 文字處理軟件

　　C. 表格處理軟件　　　　　　D. 圖形圖像處理軟件

10. 安裝會計軟件的前期準備中,首先必須要做的是( )。

　　A. 確保計算機的操作系統符合會計軟件的運行要求

　　B. 安裝數據庫管理系統

　　C. 安裝計算機缺少的支撐軟件

　　D. 進行病毒的查殺

11. 將高級語言源程序翻譯成計算機能識別的目標程序的是( )。

　　A. 操作系統　　　　　　　　B. 語言處理程序

　　C. 數據庫管理系統　　　　　D. 支撐軟件

12. 會計軟件屬於( )。

　　A. 系統軟件　　B. 支撐軟件　　C. 操作系統　　D. 應用軟件

13. 硬盤屬於( )。

　　A. 內部存儲器　　　　　　　B. 高速緩衝存儲器

　　C. 只讀存儲器　　　　　　　D. 外部存儲器

14. 顯示器是常見的( )設備。

　　A. 輸入　　　　B. 輸出　　　　C. 處理　　　　D. 存儲

15. 單機結構屬於單用戶工作方式,一臺微機同一時刻允許( )使用。

　　A. 一人　　　　B. 一人或兩人　　C. 三人　　　　D. 多人

16. 多用戶結構的主機與終端的距離為( )千米左右。

　　A. 0.1　　　　B. 10　　　　　C. 300　　　　D. 0.001

17. 下列屬於多用戶結構的優點是( )。

　　A. 應用軟件多　　　　　　　B. 費用低

　　C. 數據分散輸入　　　　　　D. 主機負載小

18. 會計軟件客戶機的性能要求是( )。

　　A. 性能高　　　　　　　　　B. 性能低

　　C. 性能非常低　　　　　　　D. 滿足會計軟件的運行要求

二、多項選擇題

1. 計算機網絡的主要功能有（　　）。
   A. 資源共享　　B. 數據通信　　C. 分佈處理　　D. 協同商務

2. 按照覆蓋的地理範圍劃分，計算機網絡主要可分為（　　）。
   A. 廣域網　　B. 城域網　　C. 互聯網　　D. 局域網

3. 下列屬於會計軟件的硬件設備的有（　　）。
   A. 鍵盤　　B. 掃描儀　　C. 通信設備　　D. 顯示器

4. 控制器的主要功能有（　　）。
   A. 控制計算機各部件自動連續地工作
   B. 控制計算機各部件協調工作
   C. 進行邏輯測試
   D. 從內存中讀取指令和執行指令

5. CPU能直接訪問的存儲器有（　　）。
   A. ROM　　B. RAM　　C. 軟盤　　D. 硬盤

6. 常見的輸出設備有（　　）。
   A. 顯示器　　B. 掃描儀　　C. 打印機　　D. 鍵盤

7. 下列各項中，屬於文件型病毒可以感染的文件的擴展名有（　　）。
   A. .com　　B. .sys　　C. .doc　　D. .txt

8. 電算化會計信息系統中常見的硬件結構通常有（　　）形式。
   A. 單機結構　　　　　　　B. 多機松散結構
   C. 多用戶結構　　　　　　D. 微機局域網絡

9. 多機松散結構中每臺微機都是單機結構，各臺微機可通過（　　）傳送數據。
   A. 磁盤　　B. 光盤　　C. U盤　　D. 移動硬盤

10. 下列有關係統軟件的說法中，正確的有（　　）。
    A. 系統軟件用於控制計算機運行，管理計算機的各種資源
    B. 系統軟件是為解決各類應用問題而設計的各種計算機軟件
    C. 系統軟件為應用軟件提供支持和服務
    D. 系統軟件包括編譯程序、數據庫管理系統、支持服務程序和支撐軟件等

11. 下列關於應用軟件的說法中，正確的有（　　）。
    A. 用於管理和維護計算機資源
    B. 是為解決各類應用問題而設計的各種計算機軟件
    C. 是計算機系統必備的軟件

D. Word 和 Excel 都屬於應用軟件

12. 下列關於微機局域網絡的說法正確的有(　　)。

　　A. 微機局域網絡分為 C/S 結構和 B/S 結構兩種結構

　　B. C/S 結構的優點是技術成熟、相應速度快,適合處理大量數據

　　C. C/S 結構只需安裝一個瀏覽器,用戶通過瀏覽器向分佈在網絡上的服務器發出請求

　　D. B/S 結構的優點在於維護和升級方式簡單,運行成本低

13. 常見的鼠標類型有(　　)。

　　A. 光電式　　　　B. 擊打式　　　　C. 機械式　　　　D. 傳輸式

14. 下列描述屬於感染計算機病毒的主要症狀的有(　　)。

　　A. 系統啓動時間比平時長,運行速度減慢

　　B. 系統異常重新啓動

　　C. 系統不識別硬盤

　　D. 系統的蜂鳴器出現異常響聲

15. 外存儲器一般有(　　)。

　　A. 硬盤　　　　　B. U 盤　　　　　C. 存盤　　　　　D. 光盤

16. 在會計軟件中,顯示器的作用有(　　)。

　　A. 顯示輸入的各種命令　　　　B. 顯示輸入的信息

　　C. 顯示系統生成的會計數據　　D. 顯示系統生成的文件

17. 在會計軟件中,打印機的作用有(　　)。

　　A. 打印輸出各類憑證　　　　　B. 打印輸出各類帳簿

　　C. 打印輸出財務報表　　　　　D. 輸入各種數據

18. 下列屬於單機結構的特點的有(　　)。

　　A. 集中輸入速度快　　　　　　B. 不能進行分佈式處理

　　C. 使用簡單　　　　　　　　　D. 數據共享程度高

19. 多用戶結構系統配置(　　)。

　　A. 一臺主機　　　　　　　　　B. 多臺主機

　　C. 一個終端　　　　　　　　　D. 多個終端

20. 客戶機/服務器結構模式下,服務器的作用有(　　)。

　　A. 負責會計數據的定義　　　　B. 負責會計數據的存取

　　C. 負責會計數據的備份　　　　D. 負責會計數據的恢復

21. 瀏覽器 服務器結構的工作特點有(　　　)。

　　A. 服務器是實現會計功能軟件的核心

　　B. 客戶機上只裝瀏覽器程序

　　C. 用戶通過瀏覽器向服務器發出請求

　　D. 服務器對瀏覽器的請求進行處理

22. 下列屬於服務器的功能的有(　　　)。

　　A. 偵聽網絡中其他計算機的服務請求

　　B. 控制客戶端對網絡資源的訪問

　　C. 存儲網絡上的大部分會計數據

　　D. 處理網絡上的會計數據和信息

23. 為防止硬盤上的會計數據丟失或破壞,下列操作正確的有(　　　)。

　　A. 定期將硬盤數據備份到其他存儲介質上

　　B. 定期打印重要的帳簿和報表數據

　　C. 將數據加密

　　D. 以上都不對

三、判斷題

1. 操作系統是軟件系統的核心。　　　　　　　　　　　　　　　(　　)

2. 應用軟件是計算機各種應用程序的總稱,主要功能是處理實際問題或完成某一具體工作。　　　　　　　　　　　　　　　　　　　　　　(　　)

3. 系統軟件是為了管理維護計算機資源而編製的程序和有關文檔的總和,其中數據庫管理系統最為重要,它是所有軟件的核心。　　　　　　　　　(　　)

4. 微機局域網絡是一臺服務器將許多高檔微機連接在一起,相互通訊、共享資源,組成一個功能更強的計算機網絡系統。　　　　　　　　　　　(　　)

5. 一個客戶機可以向許多不同的服務器請求,一個服務器只能向一個客戶機提供服務。　　　　　　　　　　　　　　　　　　　　　　　　(　　)

6. 計算機軟件根據功能可以分為系統軟件和應用軟件兩大類。　　(　　)

7. 與ＢＳ架構相比,ＣＳ架構的最大優點是部署和維護方便、易於擴展。

　　　　　　　　　　　　　　　　　　　　　　　　　　　　　(　　)

8. 惡性病毒可以刪除計算機內的文件、破壞盜取數據、格式化硬盤,能夠使系統癱瘓。　　　　　　　　　　　　　　　　　　　　　　　　　(　　)

9. 單機結構數據共享性能差,集中輸入速度低,不能進行分佈式處理。(　　)

10. 實行會計電算化單位的會計資料一般存儲在主存儲器中。　　　(　　)

11. 計算機網絡是現代計算機技術與通信技術相結合的產物。　　（　）
12. 硬件設備一般包括輸入設備、處理設備、存儲設備、輸出設備和通信設備。
　　　　　　　　　　　　　　　　　　　　　　　　　　　　　　（　）
13. 外存儲器的特點是存取容量大,存取速度快。　　　　　　　　（　）
14. 多機松散結構可直接傳送數據。　　　　　　　　　　　　　　（　）
15. 客戶機 服務器結構模式下,客戶機配備大容量存儲器並安裝數據庫管理系統。　　　　　　　　　　　　　　　　　　　　　　　　　　　　（　）
16. 支撐軟件是軟件系統中不重要的組成部分,可有可無。　　　　（　）
17. 為了防止他人偷窺會計系統數據,離開電腦時要立即退出會計軟件。
　　　　　　　　　　　　　　　　　　　　　　　　　　　　　　（　）
18. 廣域網通信範圍很大,覆蓋範圍可以是多個國家。　　　　　　（　）
19. 良性病毒會刪除文件、破壞盜取數據、格式化硬盤,使系統癱瘓。（　）

第三章　會計軟件的應用

本章導讀

(1)本章主要介紹了會計核算軟件的應用,包括應用流程、系統初始化、帳務處理模塊、固定資產管理模塊、工資管理模塊、應收帳款管理模塊、應付帳款管理模塊、報表管理模塊等的應用。

(2)本章內容在無紙化考試中更多地出現在實務操作題中。

結構導航

會計軟件的應用
- 第一節　會計軟件的應用流程
  - 一、系統初始化
  - 二、日常處理
  - 三、期末處理
  - 四、數據管理
- 第二節　系統級初始化
  - 一、創建帳套並設置相關信息
  - 二、管理用戶並設置權限
  - 三、設置系統公用基礎信息
- 第三節　帳務處理模塊的應用
  - 一、帳務處理模塊初始化工作
  - 二、帳務處理模塊日常處理
  - 三、帳務處理模塊期末處理
- 第四節　固定資產管理模塊的應用
  - 一、固定資產管理模塊初始化工作
  - 二、固定資產管理模塊日常處理
  - 三、固定資產管理模塊期末處理

$$
\text{會計軟件的應用}\begin{cases}
第五節\ 工資管理模塊的應用 \begin{cases} 一、工資管理模塊初始化工作 \\ 二、工資管理模塊日常處理 \\ 三、工資管理模塊期末處理 \end{cases} \\
第六節\ 應收管理模塊的應用 \begin{cases} 一、應收管理模塊初始化工作 \\ 二、應收管理模塊日常處理 \\ 三、應收管理模塊期末處理 \end{cases} \\
第七節\ 應付管理模塊的應用 \begin{cases} 一、應付管理模塊初始化工作 \\ 二、應付管理模塊日常處理 \\ 三、應付管理模塊期末處理 \end{cases} \\
第八節\ 報表管理模塊的應用 \begin{cases} 一、報表管理模塊提供的功能 \\ 二、報表數據來源 \\ 三、報表管理模塊應用基本流程 \\ 四、利用報表模板生成報表 \end{cases}
\end{cases}
$$

第一節　會計軟件的應用流程

會計軟件的應用流程一般包括系統初始化、日常處理和期末處理等環節。

一、系統初始化

(一)系統初始化的特點和作用

系統初始化是系統首次使用時，根據企業的實際情況進行參數設置，並錄入基礎檔案與初始數據的過程。

系統初始化是會計軟件運行的基礎。它將通用的會計軟件轉變為滿足特定企業需要的系統，使手工環境下的會計核算和數據處理工作得以在計算機環境下延續和正常運行。

系統初始化在系統初次運行時一次性完成，但部分設置可以在系統使用後進行修改。系統初始化將對系統的後續運行產生重要影響，因此系統初始化工作必須完整且盡量滿足企業的需求。

(二)系統初始化的內容

系統初始化的內容包括系統級初始化和模塊級初始化。

1.系統級初始化

系統級初始化是設置會計軟件所公用的數據、參數和系統公用基礎信息,其初始化內容涉及多個模塊的運行,不特定專屬於某個模塊。

系統級初始化內容主要包括:①創建帳套並設置相關信息;②增加操作員並設置權限,操作人員權限的分配可以一人一崗,一人多崗,一崗多人,但必須符合内部牽制制度的要求;③設置系統公用基礎信息。系統公共基礎信息主要包括部門檔案、職員檔案、客戶檔案、供應商檔案、倉庫及存貨檔案等。

2.模塊級初始化

模塊級初始化是設置特定模塊運行過程中,所需要的參數、數據和本模塊的基礎信息,以保證模塊按照企業的要求正常運行。

模塊級初始化內容主要包括:①設置系統控製參數;②設置基礎信息;③錄入初始數據。

二、日常處理

(一)日常處理的含義

日常處理是指在每個會計期間內,企業日常營運過程中重複、頻繁發生的業務處理過程。主要包括轉帳業務、試算平衡、對帳、結帳以及期末會計報表的編製等。

(二)日常處理的特點

(1)日常業務頻繁發生,需要輸入的數據量大。

(2)日常業務在每個會計期間內重複發生,所涉及金額不盡相同。

三、期末處理

(一)期末處理的含義

期末處理指在每個會計期間的期末所要完成的特定業務。主要包括轉帳業務、試算平衡、對帳、結帳以及期末會計報表的編製等。

(二)期末處理的特點

(1)有較為固定的處理流程。

(2)業務可以由計算機自動完成。

四、數據管理

在會計軟件應用的各處環節均應注意對數據的管理。

(一)數據備份

數據備份是指將會計軟件的數據輸出保存在其他存儲介質上,以備後續使用。

數據備份主要包括帳套備份、年度帳備份等。

(二)數據還原

數據還原又稱數據恢復,是指將備份的數據使用會計軟件恢復到計算機硬盤上。它與數據備份是一個相反的過程。數據還原主要包括帳套還原、年度帳還原等。只有系統管理員才能進行企業帳套的備份和還原,只有帳款主管才能進行本企業年度帳的備份與還原。

[考題例證·單選] ( )是系統首次使用時,根據企業的實際情況進行參數設置,並錄入基礎檔案與初始化數據的過程。

A.系統重置　　　　　　　　B.系統初始化
C.日常處理　　　　　　　　D.期末處理

【答案】 B

[考題例證·單選] 通用會計核算軟件必須經過( )操作,才能變成適合企業應用的專用會計核算軟件。

A.帳務處理　　　　　　　　B.填製憑證
C.系統初始化　　　　　　　D.財務報表

【答案】 C

[考題例證·多選] 會計軟件中模塊級初始化內容主要包括( )。

A.會計軟件中設置系統控製參數
B.會計軟件中設置基礎信息
C.會計軟件中錄入初始數據
D.會計軟件中創建帳套並設置相關信息

【答案】 ABC

[考題例證·多選] 會計電算化信息系統的基本應用流程包括( )。

A.期末處理　　　　　　　　B.日常處理
C.系統初始化　　　　　　　D.結帳和編製財務報表

【答案】 ABC

[考題例證·多選] 下列屬於系統級初始化內容的有( )。

A.創建帳套並設置相關信息　B.增加操作員並設置權限
C.設置系統控製參數　　　　D.錄入初始數據

【答案】 AB

[考題例證·判斷] 日常處理是指在每個會計期間內,企業日常營運過程中重複、頻繁發生的業務處理過程。　　　　　　　　　　　　　　　　( )

【答案】 √

第二節　系統級初始化

系統級初始化包括創建帳套並設置相關信息、增加操作員並設置權限、設置系統公用基礎信息等內容。

一、創建帳套並設置相關信息

(一)創建帳套

帳套是指存放會計核算對象的所有會計業務數據文件的總稱，帳套中包含的文件有會計科目、記帳憑證、會計帳簿、會計報表等。一個帳套只能保存一個會計核算對象的業務資料，這個核算對象可以是企業的一個分部，也可以是整個集團。

建立帳套是指在會計軟件中為企業建立一套符合核算要求的帳簿體系。如圖 3-1 所示。在同一會計軟件中可以建立一個或多個帳套。

圖 3-1　新建帳套

(二)設置帳套相關信息

建立帳套時需要根據企業的具體情況和核算要求設置相關信息。帳套信息主要包括帳套號、企業名稱、企業性質、會計期間、記帳本位幣（即本位幣代碼和本位幣名稱）等。在一個會計信息系統中，可以建立多個企業帳套，因此，需設置帳套號作以區分不同帳套數據。

(1)選擇帳套採用的會計制度為「採用企業會計準則的單位」並選中「採用新會計準則」選項。如圖 3-2 所示。

圖 3-2　選擇會計制度

（2）選擇使用單位所屬行業為「新會計準則」。如圖 3-3 所示。

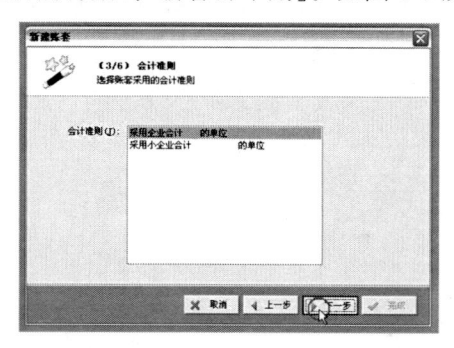

圖 3-3　選擇所屬行業

（3）在「科目預置」對話框中，選中「生成預設科目」選項，以生成按所屬行業預設的會計科目。如圖 3-4 所示。會計科目代碼的編碼方案即為編碼規則，如科目編碼的級次設定為 4 級，編碼方案為 4-2-2-2，則銀行存款——中國工商銀行——河南省分行——××市支行中三級科目的河南省分行的全編碼為 10020101。若會計科目 1001 的編碼方案為 4-2-2，則三級科目的全編碼應為 10010101。

圖 3-4　生成預設科目

（4）指定帳套使用的本位幣為「人民幣（RMB）」。如圖 3-5 所示。

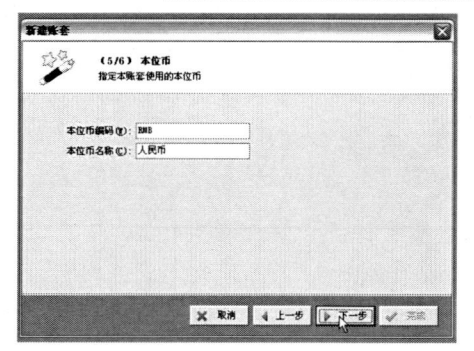

圖 3-5　設置記帳本位幣

（5）指定會計期間，設置帳套啟用日期為「2014 月 日」。如圖 3-6 所示。

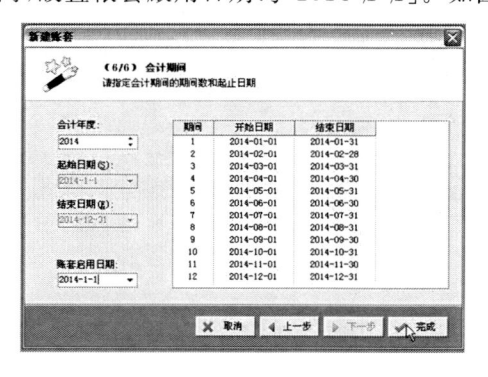

圖 3-6　設置會計期間

（6）單擊圖 3-6 中「完成」按鈕，完成新帳套的創建，系統自動進入「系統登錄」界面。以操作員「系統主管」的身分（密碼為空）、註冊日期為「2014 月 日」進入系統。如圖 3-7 所示。

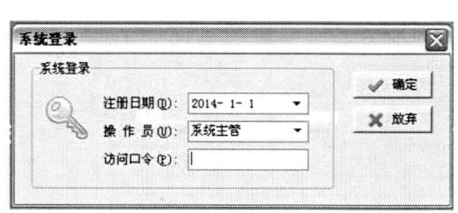

圖 3-7　系統登錄

(三)帳套參數的修改

帳套建立後，企業可以根據業務需要對某些已經設定的參數內容進行修改。如果帳套參數內容已被使用，進行修改可能會造成數據的紊亂，因此，對帳套參數的修改應當謹慎。

55

二、管理用戶並設置權限

(一)管理用戶

用戶是指有權登錄系統，對會計軟件進行操作的人員。管理用戶主要是指將合法的用戶增加到系統中，設置其用戶名和初始密碼或對不再使用系統的人員進行註銷其登錄系統的權限等操作。操作員的增加、修改和刪除權限由系統管理員控製，操作員編號在系統中必須唯一，即使在不同的帳套，操作員編號也不能重複。

(二)設置權限

在增加用戶後，一般應該根據用戶在企業核算工作中所擔任的職務、分工來設置、修改其對各功能模塊的操作權限。通過設置權限，用戶不能進行沒有權限的操作，也不能查看沒有權限的數據。

(1)由系統主管，在「設置」|「用戶管理」功能中增加操作員，同時設置相應的操作權限。如圖 3-8、圖 3-9 所示。

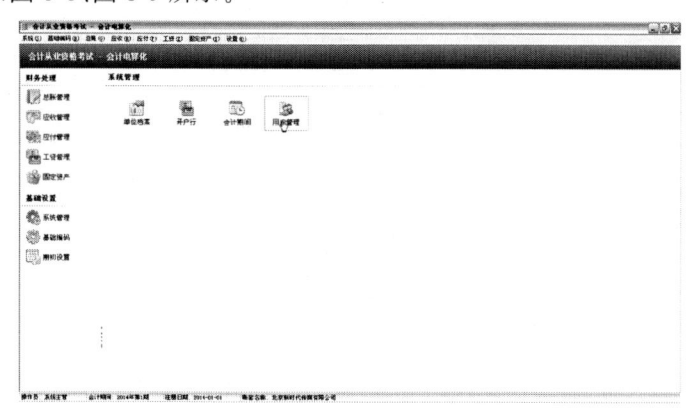

圖 3-8　用戶管理

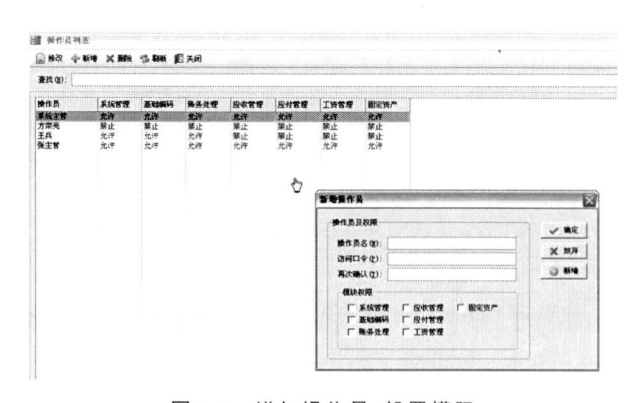

圖 3-9　增加操作員、設置權限

(2)已經增加的操作員列表。如圖 3-10 所示。

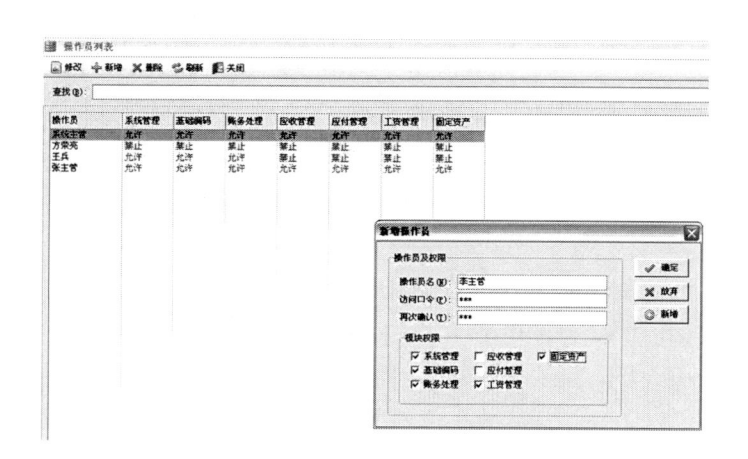

圖 3-10　已經增加的操作員、權限

三、設置系統公用基礎信息

設置系統公用基礎信息包括設置編碼方案、基礎檔案、收付結算信息、憑證類別、外幣和會計科目等。

(一)設置編碼方案

設置編碼方案是指設置具體的編碼規則，包括編碼級次、各級編碼長度及其含義。其目的在於方便企業對基礎數據的編碼進行分級管理。設置編碼的對象包括部門、職員、客戶、供應商、科目、存貨分類、成本對象、結算方式和地區分類等。編碼符號能唯一地確定被標示的對象。

(二)設置基礎檔案

設置基礎檔案是後續進行具體核算，數據分類、匯總的基礎，其內容一般包括設置企業部門檔案、職員信息、供應商信息、客戶信息、項目信息等。

1. 設置企業部門檔案

設置企業部門檔案一般包括輸入部門編碼、名稱、屬性、負責人、電話、傳真等。其目的是方便會計數據按照部門進行分類匯總和會計核算。

[考題例證‧實務操作]

由操作員「王主管」設置如表 3-1 所示的部門檔案。

表 3-1　部門檔案

部門	部門名稱
1	行政部
2	財務部
3	業務部
301	採購部
302	銷售部

[操作步驟提示]

(1)單擊「系統」|「重新登錄」,由操作員「王主管」重新登錄「會計電算化軟件」系統,註冊日期為「2014/1/1」。單擊「基礎編碼」|「部門」,打開「部門」對話框,單擊「新增」按鈕,輸入部門編碼「1」、部門名稱「行政部」。

如圖 3-11、圖 3-12 所示。

圖 3-11　基礎編碼

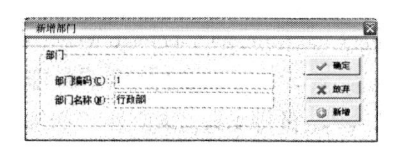

圖 3-12　新增部門

(2)單擊「確定」按鈕。

(3)重複操作步驟(1)和(2)繼續添加其他部門,系統顯示已錄入的部門檔案。如圖 3-13 所示。

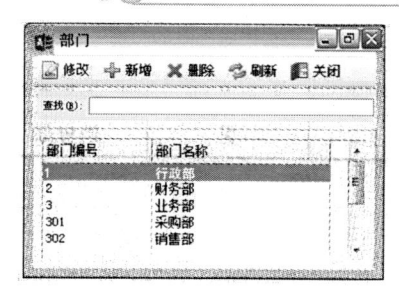

圖 3-13　部門列表

(4)單擊「關閉」按鈕。

部門檔案資料一旦被使用將不能被修改或刪除。

2.設置職員信息

設置職員信息一般包括輸入職員編號、姓名、性別、所屬部門、身分證號等,其目的在於方便進行個人往來核算和管理等操作。

[考題例證・實務操作]

由操作員「王主管」設置如表 3-2 所示的職員類型、表 3-3 所示的職員檔案。

表 3-2　職員類型

職員類型編碼	職員類型名稱
001	管理人員
002	銷售人員

表 3-3　職員檔案

職員編碼	職員名稱	性別	所屬部門	職員類型
001	陳虎	男	行政部	管理人員
002	許平	男	行政部	管理人員
003	王芳	女	財務部	管理人員
004	李然	男	財務部	管理人員
005	陳琳	女	財務部	管理人員
006	江山	男	採購部	管理人員
007	黃洋	男	採購部	管理人員
008	宋明	男	銷售部	銷售人員
009	馬建	男	銷售部	銷售人員

[操作步驟提示]

(1)在「會計電算化軟件」窗口中,單擊「基礎編碼」|「職員類型」,打開「職員類

型」對話框。

(2)單擊「新增」按鈕,輸入職員類型編號「001」、職員類型名稱「管理人員」,單擊「確定」,再輸入「銷售人員」。輸入完成後如圖3-14所示。

圖 3-14　職員類型

(3)在「會計電算化軟件」窗口中,單擊「基礎編碼」|「職員」,打開「職員」對話框。

(4)單擊「新增」按鈕,輸入職員編號「001」、職員名稱「陳虎」,選擇性別「男」,單擊所屬部門欄參照按鈕選擇「行政部」,或輸入行政部的部門編碼「1」,單擊職員類型欄參照按鈕選擇「管理人員」,或輸入編碼「001」。如圖3-15 所示。

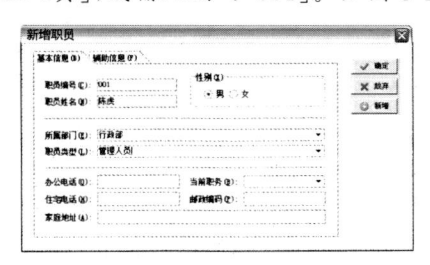

圖 3-15　新增職員

(5)單擊「確定」按鈕,重複步驟(4),添加其他職員信息,直至全部錄入完成。如圖 3-16 所示。

圖 3-16　已設置的「職員」列表

(6)單擊「關閉」按鈕。

> ☞ 考點擊破：
> (1)職員檔案中的「所屬部門」可以直接錄入，也可以直接錄入部門的編碼，或雙擊「所屬部門」欄後再單擊參照按鈕，在已錄入的部門檔案中選擇相應的部門。
> (2)職員檔案資料一旦被使用將不能被刪除。
> (3)設置職員信息一般包括輸入職員編號、姓名、性別、所屬部門、身分證號等，其目的在於方便進行個人往來核算和管理等操作。

3.設置往來單位信息

往來單位包括客戶和供應商。

設置客戶信息是指對與企業有業務往來核算關係的客戶進行分類並設置其基本信息，一般包括輸入客戶編碼、分類、名稱、開戶銀行、聯繫方式等。其目的是方便企業錄入、統計和分析客戶數據與業務數據。

設置供應商信息是指對與企業有業務往來核算關係的供應商進行分類並設置其基本信息，一般包括輸入供應商編碼、分類、名稱、開戶銀行、聯繫方式等。其目的是方便企業對採購、庫存、應付帳款等進行管理。

[考題例證・實務操作]

由操作員「王主管」設置如表3-4所示的單位類型、表3-5供應商檔案及表3-6客戶檔案。

表3-4 單位類型

單位類型編碼	單位類型名稱
1	本省
2	外省

表3-5 供應商檔案

供應商編號	供應商名稱	單位類型
001	天宜公司	本省
002	新能源公司	本省
003	錦秋公司	外省
004	三元公司	外省
005	齊星公司	外省

表 3-6　客戶檔案

客戶編號	客戶名稱	單位類型
201	玖幫公司	本省
202	宏基公司	本省
203	英華公司	外省

[操作步驟提示]

(1)在「會計電算化軟件」窗口中，單擊「基礎編碼」|「單位類型」，打開「單位類型」窗口。

(2)單擊「新增」按鈕，打開「新增單位類型」對話框，按要求輸入編碼與名稱，按「確定」保存。如圖 3-17、圖 3-18 所示。

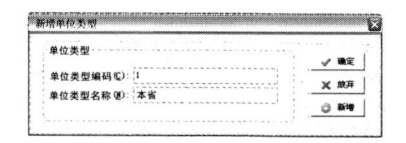

圖 3-17　新增單位類型

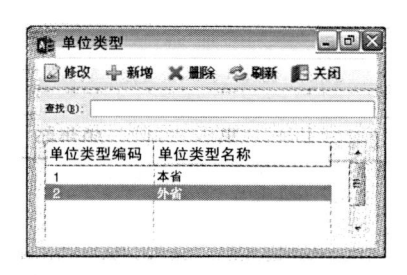

圖 3-18　已設置的「單位類型」列表

(3)單擊「關閉」按鈕，退出「單位類型」列表窗口。

(4)在「會計電算化軟件」窗口中，單擊「基礎編碼」|「供應商」，打開「供應商」對話框。

(5)單擊「新增」按鈕，打開「新增供應商」對話框，輸入供應商編碼、名稱、類型，按「確定」保存。如圖 3-19、圖 3-20 所示。

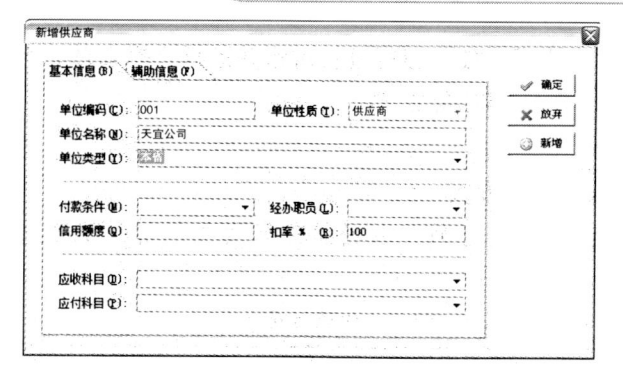

圖 3-19　新增供應商

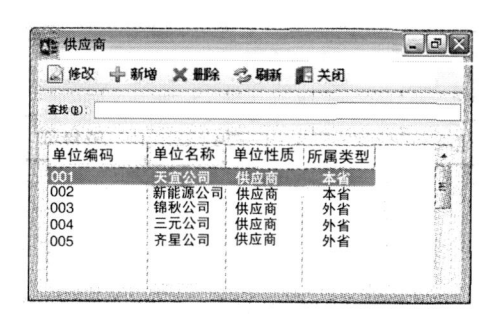

圖 3-20　已設置的「供應商」列表

（6）單擊「關閉」按鈕，退出「供應商」列表窗口。

（7）在「會計電算化軟件」窗口中，單擊「基礎編碼」|「客戶」，打開「客戶」對話框。

（8）單擊「新增」按鈕，打開「新增客戶」對話框，按要求輸入客戶編碼、名稱、類型，按「確定」保存。如圖 3-21、圖 3-22 所示。

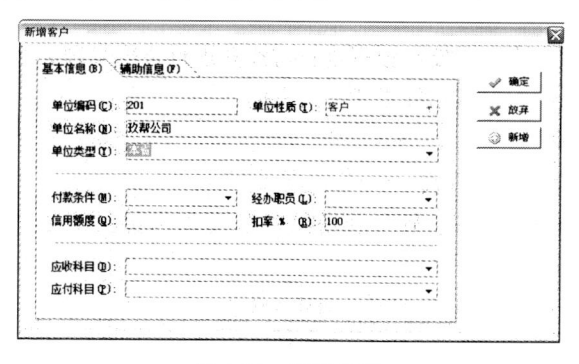

圖 3-21　新增客戶

63

圖 3-22　已設置的「客戶」列表

(9)單擊「關閉」按鈕,退出「客戶」列表窗口。

☞ **考點擊破:**

(1)單位類型編碼、供應商編碼、客戶編碼必須唯一。供應商編碼與客戶編碼不能重複。

(2)單位編碼、單位名稱、單位類型必須輸入,其餘可以忽略。

4.設置項目信息

項目是指一個特定的核算對象或成本歸集對象。企業需要對涉及該項目的所有收入、費用、支出進行專項核算和管理。設置項目信息,一般包括定義核算項目、建立項目檔案,輸入其名稱、代碼等。

(三)設置收付結算方式

設置收付結算方式一般包括設置結算方式編碼、結算方式名稱等。其目的是建立和管理企業在經營活動中所涉及的貨幣結算方式,方便銀行對帳、票據管理和結算票據的使用。

[考題例證・實務操作]

由操作員「王主管」新增如表 3-7 所示付款方式。

表 3-7　付款方式

付款方式編碼	付款方式名稱	票據管理
021	現金支票	需要
022	轉帳支票	需要

[操作步驟提示]

(1)在「會計電算化軟件」窗口中,單擊「基礎編碼」|「付款方式」,打開「付款方式」窗口。

(2)單擊「新增」按鈕,輸入付款方式編碼:「021」,付款方式名稱:「現金支票」,選中「需要」進行票據管理選項,單擊「確定」按鈕。如圖 3-23 所示。

圖 3-23　新增付款方式

（3）重複第（2）步驟，輸入其他的付款方式，單擊「確定」按鈕確認，系統將會顯示已錄入的所有付款方式。如圖 3-24 所示。

圖 3-24　已設置的「付款方式」列表

☞ 考點擊破：

（1）付款方式的錄入內容必須是唯一的。

（2）設置付款方式的主要目的是在使用有輔助核算的會計科目時填寫相應的付款方式，以便在進行銀行對帳時將付款方式作為對帳的一個參考數據。

（四）設置憑證類別

設置憑證類別是指對記帳憑證進行分類編製。用戶可以按照企業的需求選擇或自定義憑證類別，在實務操作考試中，自定義憑證類別考試較多。

憑證類別設置完成後，用戶應該設置憑證類別限制條件和限制科目，兩者組成憑證類別校驗的標準，供系統對錄入的記帳憑證進行輸入校驗，以便檢查錄入的憑證信息和選擇的憑證類別是否相符。

在會計軟件中，系統通常提供的限制條件包括借方必有、貸方必有、憑證必有、憑證必無、無限制等。

憑證類別的限制科目是指限制該憑證類別所包含的科目。

在記帳憑證錄入時，如果錄入的記帳憑證不符合用戶設置的限制條件或限制科目，則系統會提示錯誤，要求修改，直至符合為止。

[考題例證・實務操作]

由操作員「王主管」設置如表 3-8 所示憑證類別。

表 3-8　憑證分類

類別字	類別名稱	限制類型	限制科目
收	收款憑證	借方必有	1001 1002
付	付款憑證	貸方必有	1001 1002
轉	轉帳憑證	憑證必無	1001 1002

[操作步驟提示]

(1)在「會計電算化軟件」窗口中，單擊「基礎編碼」|「憑證類型」，打開「記帳憑證類型」對話框。如圖 3-25 所示。

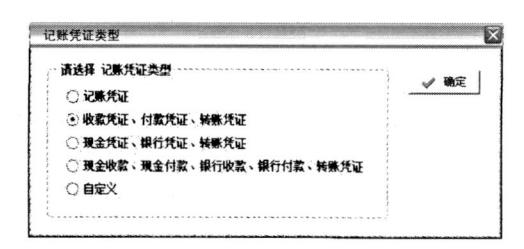

圖 3-25　「記帳憑證類型」對話框

(2)在「記帳憑證類型」對話框中，單擊「收款憑證、付款憑證、轉帳憑證」選項，再單擊「確定」按鈕，進入「記帳憑證類型列表」窗口。

(3)選中收款憑證所在行單擊「修改」按鈕，在借方必有科目 1 中單擊參照按鈕，選擇「1001 庫存現金」，在借方必有科目 2 中單擊參照按鈕，選擇「1002 銀行存款」(或直接輸入「1001,1002」)。如圖 3-26 所示。

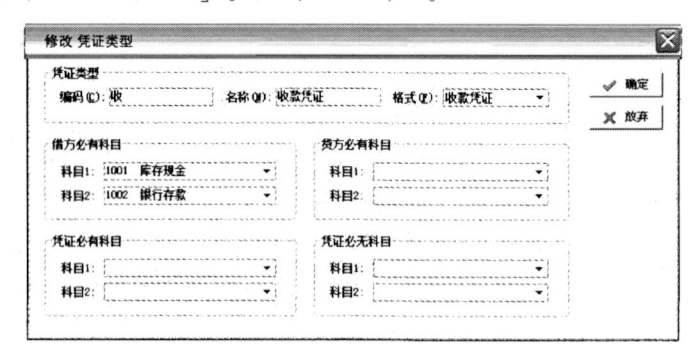

圖 3-26　設置憑證「限制類型」和「限制科目」

(4)重複上述操作,繼續設置付款憑證及轉帳憑證的「限制類型」和「限制科目」的內容。如圖 3-27 所示。

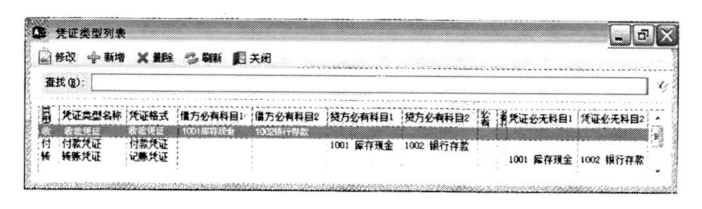

圖 3-27　已設置的「憑證類型」列表

(5)單擊「關閉」按鈕。

> **考點擊破:**
> 　　填製憑證時,如果不符合這些限制條件,系統拒絕保存。

(五)設置外幣

設置外幣是指當企業有外幣核算業務時,設置所使用的外幣幣種、核算方法和具體匯率。用戶可以增加、刪除幣別。通常在設置外幣時,需要輸入以下信息:
(1)幣符,即貨幣的慣例代碼。
(2)幣名,即貨幣名稱。
(3)固定匯率、浮動匯率,即指定系統選擇固定匯率還是浮動匯率。
(4)記帳匯率,即經濟業務發生時的記帳匯率。
(5)折算方式,系統提供直接匯率法和間接匯率法兩種折算方式。

[考題例證・實務操作]

由操作員「王主管」設置外匯幣種及匯率,要求如下。
(1)幣種編碼:HKD;(2)幣種名稱:港元;(3)幣種小數位:2;(4)折算方式:原幣×匯率=本位幣;(5)2014 月 日當日匯率為 0.84。

[操作步驟提示]

(1)在會計電算化軟件窗口中,單擊「基礎編碼」|「幣種匯率」,打開「幣種匯率」窗口。
(2)單擊「新增」按鈕,打開「新增幣種」對話框,按要求輸入幣種信息,單擊「確定」按鈕。如圖 3-28、圖 3-29 所示。

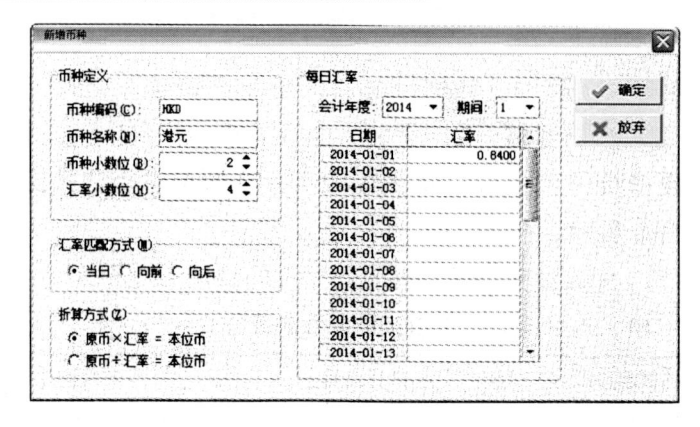

圖 3-28　新增幣種

圖 3-29　已設置的「幣種匯率」列表

(六)設置會計科目

設置會計科目就是將企業進行會計核算所需要使用的會計科目錄入系統中，並按照企業核算要求和業務要求，對每個科目的核算屬性進行設置。設置會計科目是填製會計憑證、記帳、編製報表等各項工作的基礎。

1. 增加、修改或刪除會計科目

系統通常會提供預置的會計科目。用戶可以直接引入系統提供的預置會計科目，在此基礎上根據需要，增加、修改、刪除會計科目。如果企業所使用的會計科目與預置的會計科目相差較多，用戶也可以根據需要自行設置全部會計科目。

增加會計科目時，應遵循先設置上級會計科目，再設置下級會計科目的順序。會計科目編碼、會計科目名稱不能為空。增加的會計科目編碼必須遵循會計科目編碼方案。

刪除會計科目時，必須先從末級科目刪除，已經使用的會計科目不能刪除。

2. 設置科目屬性

(1)會計科目編碼。按照科目編碼規則進行。在對會計科目編碼時，一般應遵

第三章　會計軟件的應用

守以下原則：

①唯一性。每個編碼必須唯一地標示某一個科目，不可重複。

②統一性。所有會計科目的編碼標準必須遵守統一的編碼方案。

③擴展性。編碼既要適應企業當前核算的要求，又要考慮將來業務發展的變化，在設計編碼時應注意保留一些空間，以方便將來科目的增減變動。

(2)會計科目名稱。從會計軟件的要求來看，企業所使用的會計科目的名稱可以是漢字、英文字母、數字等符號，但不能為空。

(3)會計科目類型。按照國家統一的會計準則制度要求，會計科目按其性質劃分為資產類、負債類、共同類、所有者權益類、成本類和損益類共六種類型。用戶可以選擇一級會計科目所屬的科目類型。如果增加的是二級或其以下會計科目，則系統將自動與其一級會計科目類型保持一致，用戶不能更改。

(4)帳頁格式。用於定義該會計科目在帳簿打印時的默認打印格式。一般可以分為普通三欄式、數量金額式、外幣金額式等格式。當會計科目有數量核算時，帳簿格式設置為「數量金額式」；當會計科目有外幣核算要求時，帳簿格式設置為「外幣金額式」。

(5)外幣核算。用於設定該會計科目核算是否有外幣核算。

(6)數量核算。用於設定該會計科目是否有數量核算。如果有數量核算，則需設定數量計量單位。

(7)餘額方向。用於定義該會計科目餘額默認的方向。一般情況下，資產類、成本類、費用類會計科目的餘額方向為借方，負債類、所有者權益類、收入類科目的餘額方向為貸方。

(8)輔助核算性質。用於設置會計科目是否有輔助核算。輔助核算的目的是實現對會計數據的多元分類核算，為企業提供多樣化的信息。輔助核算一般包括部門核算、個人往來核算、客戶往來核算、供應商往來核算、項目核算等。輔助核算一般設置在末級科目上。某一會計科目可以同時設置多種相容的輔助核算。

(9)日記帳和銀行帳。用於設置會計科目是否有日記帳、銀行帳核算要求。

[考題例證・實務操作]

(1)由操作員「王主管」增加如表 3-9 所示的會計科目並修改相應的會計科目。

表 3-9　需增加的會計科目

科目編碼	科目名稱
1002-01	工行
2221-01	應交增值稅

(2)將「1221其他應收款」修改為「部門」「職員」輔助核算的會計科目。

[操作步驟提示]

(1)在「會計電算化軟件」窗口中,單擊「基礎編碼」|「會計科目」,打開「會計科目」窗口。

(2)單擊「新增」按鈕,打開「新增會計科目」對話框。

(3)輸入科目編碼「1002-01」、科目名稱「工行」,其他項目為默認的系統設置。如圖3-30所示。

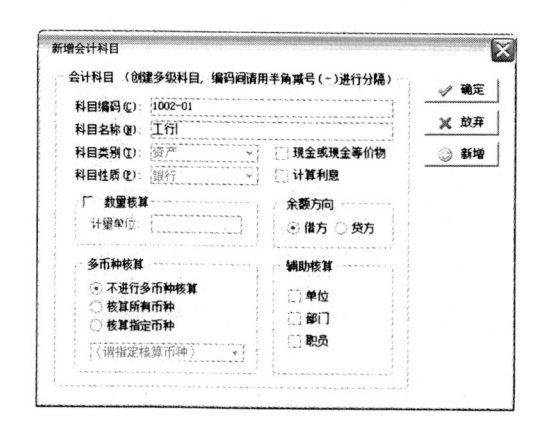

圖3-30 新增會計科目

(4)單擊「確定」按鈕,依此方法繼續增加其他的會計科目。

☞考點擊破:

(1)創建多級科目,編碼間要用半角減號(-)進行分隔。

(2)增加明細科目時,系統默認其類型與上級科目保持一致。

(3)已經使用過的末級會計科目不能再增加下級科目。

(4)輔助帳類必須設在末級科目上,但為了查詢或出帳方便,可以在其上級和末級科目中同時設置輔助帳類。

(5)在「會計科目」窗口中,將光標移到「1221其他應收款」科目所在行。

(6)單擊「修改」按鈕(或雙擊該會計科目),打開「修改會計科目」對話框,選中「部門」「職員」復選框。如圖3-31所示。

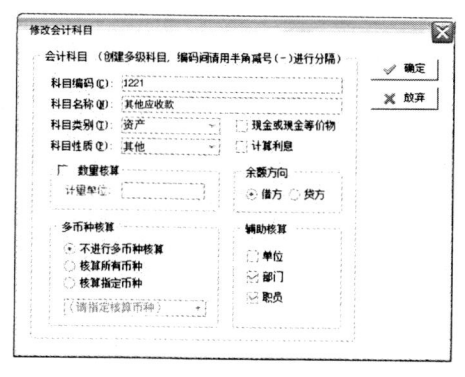

圖 3-31　修改會計科目

(7)單擊「確定」按鈕，完成會計科目的修改。

考點擊破：

(1)已經使用過的末級會計科目不能再修改科目編碼。

(2)已有數據的會計科目，應將該科目及其下級科目餘額清零後再進行修改或刪除。

(3)刪除科目後不能恢復，只能通過增加功能重新增加被刪除的會計科目。

(4)非末級科目不能刪除。非末級會計科目不能再修改科目編碼。

［考題例證・單選］　（　　）是指存放會計核算對象的所有會計業務數據文件的總稱。

　　A.帳套　　　　　　　　　　　B.數據庫

　　C.數據格式　　　　　　　　　D.數據備份

【答案】　A

［考題例證・單選］　會計電算化信息系統的系統級初始化不包括(　　)。

　　A.設計會計報表的格式

　　B.定義基礎參數

　　C.錄入日常業務處理必需的相關信息

　　D.為會計主體建立和設置帳套

【答案】　A

［考題例證・單選］　某帳套的科目編碼規則是 4-2-2-2，下列代碼中，不正確的科目代碼是(　　)。

A. 5101　　　　　　　　　　　　B. 510112

C. 510112321　　　　　　　　　D. 51012426

【答案】　C

[考題例證・多選]　設置會計科目時應當遵循的原則包括(　　)。

A. 滿足本單位會計核算與管理的要求

B. 滿足會計報表的要求

C. 要保持體系完整,不能只有下級科目沒有上級科目

D. 要保持科目的相對穩定性

【答案】　ABCD

[考題例證・多選]　下列關於帳套的表述中,正確的有(　　)。

A. 一臺計算機中可以有多個帳套

B. 帳套是指會計業務數據文件的總稱

C. 帳套可以備份,可以恢復

D. 數據備份主要包括帳套備份、年度帳備份

【答案】　ABCD

[考題例證・多選]　會計科目輔助核算設置中,包括(　　)。

A. 部門核算　　　　　　　　　　B. 個人往來核算

C. 客戶往來核算　　　　　　　　D. 供應商往來核算

【答案】　ABCD

[考題例證・判斷]　進行權限設置後,用戶不能進行沒有權限的操作,一般不可以查看沒有權限的數據。　　　　　　　　　　　　　　　　　　　　(　　)

【答案】　√

[考題例證・判斷]　企業不需要對涉及項目的所有收入、費用、支出進行專項核算和管理。　　　　　　　　　　　　　　　　　　　　　　　　　　(　　)

【答案】　×

第三節　帳務處理模塊的應用

一、帳務處理模塊初始化工作

(一)設置控制參數

在會計軟件運行之前,企業應該根據國家統一的會計準則制度和內部控制制

度來選擇相應的運行控制參數,以符合企業核算的要求。在帳務處理模塊中,常見的參數設置包括憑證編號方式、是否允許操作人員修改他人憑證、憑證是否必須輸入結算方式和結算號、現金流量科目是否必須輸入現金流量項目、出納憑證是否必須經過出納簽字、是否對資金及往來科目實行赤字提示等。

(二)錄入科目初始數據

會計科目初始數據錄入是指第一次使用帳務處理模塊時,用戶需要在開始日常核算工作前將會計科目的初始餘額以及發生額等相關數據輸入系統中。如圖3-32所示。

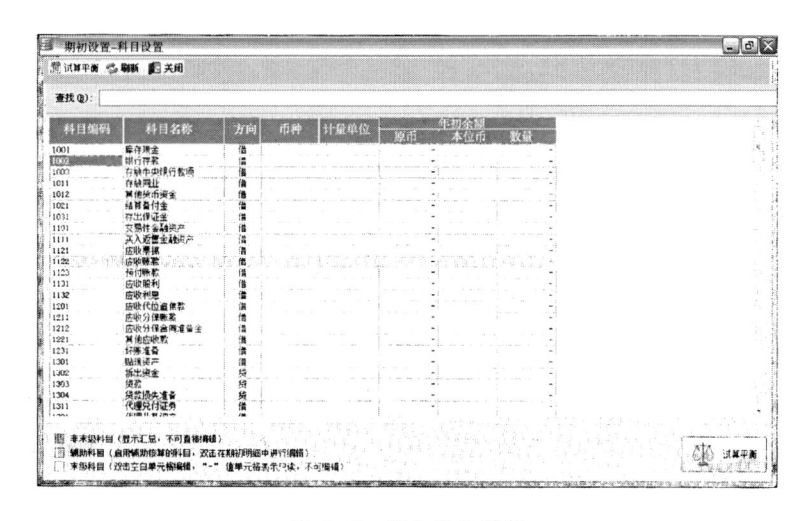

圖 3-32　錄入期初餘額

1. 錄入科目期初餘額

在系統中一般只需要對末級科目錄入期初餘額,系統會根據下級會計科目自動匯總生成上級會計科目的期初餘額。如果會計科目設置了數量核算,用戶還應該輸入相應的數量和單價;如果會計科目設置了外幣核算,用戶應該先錄入本幣餘額,再錄入外幣餘額;如果會計科目設置了輔助核算,用戶應該從輔助帳錄入期初明細數據,系統會自動匯總並生成會計科目的期初餘額。

在期初餘額錄入完畢後,用戶應該進行試算平衡,以檢查期初餘額的錄入是否正確。一般情況下,由於初始化的工作量較大,在日常業務發生時可能初始化工作仍然沒有完成,因此即使試算報告提示有誤,仍可以輸入記帳憑證,但是不能記帳。

2. 錄入科目本年累計發生額

用戶如在會計年度初建帳,只需將各個會計科目的期初餘額錄入系統中即可;

用戶如在會計年度中建帳，則除了需要錄入啟用月份的月初餘額外，還需錄入本年度各會計科目截至上月份的累計發生額。系統一般能根據本月月初數和本年度截至上月份的借、貸方累計發生數，自動計算出本會計年度各會計科目的年初餘額。

［考題例證·實務操作］

由操作員「王主管」錄入如下所示的科目期初餘額。

科目名稱：結算備付金

方向：借

期初餘額：20 000 元

［操作步驟提示］

(1)在「會計電算化軟件」窗口中，單擊「總帳」｜「科目期初」。如圖 3-33 所示。

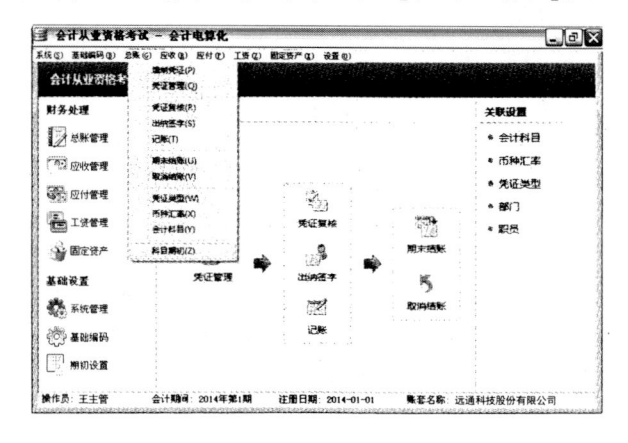

圖 3-33　總帳—科目期初

(2)打開「期初設置—科目期初」對話框。將光標定在「1021 結算備付金」科目的「年初餘額—本位幣」欄，輸入期初餘額「20 000.00」。如圖 3-34 所示。

圖 3-34　輸入科目期初金額

二、帳務處理模塊日常處理

(一)憑證管理

1. 憑證錄入

(1)憑證錄入的內容。憑證錄入的內容包括憑證類別、憑證編號、製單日期、附件張數、摘要、會計科目、發生金額、製單人等。用戶應該確保憑證錄入的完整、準確。

①憑證類別。錄入憑證時製單人員應該錄入憑證類別。

②憑證編號。憑證編號是憑證的唯一標示。同一類別憑證按月從1號憑證開始連續編號,不允許重號和漏號。憑證編號為必填內容,可以自動生成,也可以手工輸入。

③製單日期。默認的製單日期為填製記帳憑證當天登錄的計算機系統日期。用戶可以根據需要對日期進行修改。首張憑證的製單日期不得早於帳套啟用日期,不得晚於計算機系統日期,如果進行了製單序時設置,則對於同一類別的記帳憑證,後一張憑證的製單日期不得早於前一張憑證的製單日期,不得晚於計算機系統日期,否則系統將視為邏輯錯誤要求修改,未經修改的憑證將被拒絕保存。製單日期為必填內容。

④附單據數。附單據數是指填製記帳憑證應附的原始憑證的張數。

⑤摘要。摘要用來簡單說明發生的業務內容。摘要為必填內容。

⑥會計科目。填製憑證時必須錄入到會計科目的最末級。會計科目為必填內容,帳務處理模塊提供多種參照方式錄入會計科目。

⑦發生金額。在一張記帳憑證中的每個會計科目後都需要錄入發生金額,錄入發生金額時,必須滿足「有借必有貸,借貸必相等」的記帳憑證要求,並且一個會計科目不能同時出現借方金額和貸方金額。發生金額為必填內容。

⑧輔助核算信息。對於系統初始設置時已經設置為輔助核算的會計科目,在填製憑證時,系統會彈出相應的窗口,要求根據會計科目屬性錄入相應的輔助信息。如果一個會計科目同時兼有多種輔助核算,則要求輸入各種輔助核算的有關內容。

⑨外幣核算信息。對於設置為外幣核算的會計科目,系統會要求輸入外幣金額和匯率,輸入並選擇發生額方向後,系統自動按照公式「外幣金額×匯率」計算出本會計科目的發生額,填入相應欄目。

⑩數量核算信息。對於設置為數量核算的會計科目,系統會要求輸入該會計科目發生的數量和交易的單價,輸入並選擇發生方向後,系統自動按照公式「數量

×單價」計算出本會計科目的發生額,填入相應欄目。

(2)憑證錄入的輸入校驗。在憑證即時校驗時,系統會對憑證內容的合法性進行校驗。校驗的內容如下:

①會計科目是否存在,即會計科目是否是初始化時設置的會計科目。

②會計科目是否為末級科目。

③會計科目是否符合憑證的類別限制條件。

④發生額是否滿足「有借必有貸,借貸必相等」的記帳憑證要求。

⑤憑證必填內容是否填寫完整。

⑥手工填製憑證號的情況下還需校驗憑證號的合理性。

[考題例證·實務操作]

由李會計填製記帳憑證,登錄日期2014/1/31。

1月18日,銷售給玖幫公司產品,貨款尚未收到。

借:應收帳款——玖幫公司　　　　　　　　　　　　　　46 800

　貸:應交稅費——應交增值稅(銷項稅額)　　　　　　　 6 800

　　　主營業務收入　　　　　　　　　　　　　　　　　40 000

[操作步驟提示]

(1)在「會計電算化軟件」窗口中,單擊「總帳」「填製憑證」,或直接單擊桌面上的填製憑證圖標,進入「填製憑證」窗口。如圖3-35所示。

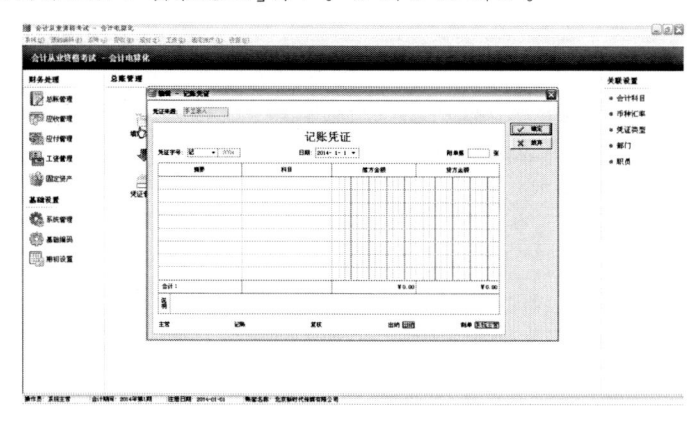

圖3-35　填製憑證

(2)選擇憑證類別為「轉帳憑證」,確認憑證日期為「2014/01/18」。

(3)在摘要欄錄入「銷售給玖幫公司產品,貨款尚未收到」,在科目名稱欄輸入「應收帳款」科目的編碼「1122」,或單擊參照按鈕選擇「1122 應收帳款」科目或輸入應收帳款,出現輔助項對話框,選擇客戶「玖幫公司」,輸入借方餘額「46 800」。

(4)繼續輸入憑證的其他內容。

(5)單擊「確定」按鈕保存,系統增加了一張完整的轉帳憑證。如圖 3-36 所示。

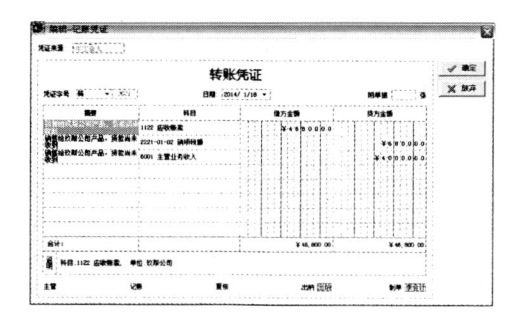

圖 3-36　增加轉帳憑證

> **考點擊破：**
> (1)憑證類別為初始設置時已定義的憑證類別代碼或名稱。
> (2)在「附單據數」處可以輸入附件單據數量。
> (3)正文中不同行的摘要可以相同也可以不同,但不能為空。每行摘要將隨相應的會計科目在明細帳和日記帳中出現。

2.憑證修改

(1)憑證修改的内容。憑證可以修改的内容一般包括摘要、科目、金額及方向等。憑證類別、編號不能修改,製單日期的修改也會受到限制。在對憑證進行修改後,系統仍然會按照憑證錄入時的校驗標準來對憑證內容進行檢查,只有滿足了校驗條件後,才能進行保存。

(2)憑證修改的操作控製。

①修改未審核或審核標錯的憑證。對未審核的憑證或審核標錯的憑證,可以由填製人直接進行修改並保存。審核標錯的憑證在修改正確後,出錯的標記將會消失。

②修改已審核而未記帳的憑證。經過審核人員審核,已簽章而未記帳的憑證,如果存在錯誤需要修改,應該由審核人員首先在審核模塊中取消對該憑證的審核標誌,使憑證恢復到未審核狀態,然後再由製單人員對憑證進行修改。

③修改已經記帳的憑證。會計軟件應當提供不可逆的記帳功能,確保對同類已記帳憑證的連續編號,不得提供對已記帳憑證的刪除和插入功能,不得提供對已

記帳憑證日期、金額、會計科目和操作人的修改功能。

④修改他人製作的憑證。如果需要修改他人製作的憑證,在帳務處理模塊參數設置中需要勾選允許修改他人憑證的選項,修改後憑證的製單人將顯示為修改憑證的操作人員。如果參數設置中選擇不允許修改他人憑證,該功能將不能被執行。

3.憑證審核

(1)憑證審核功能。審核憑證是指審核人員按照國家統一會計準則制度規定,對於完成製單的記帳憑證的正確性、合規合法性等進行檢查核對,審核記帳憑證的內容、金額是否與原始憑證相符,記帳憑證的編製是否符合規定,所附單據是否真實、完整等。如圖 3-37 所示。

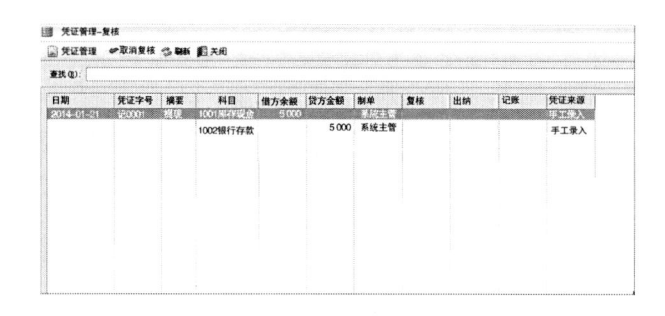

圖 3-37　審核憑證

如果審核發現記帳憑證存在錯誤,需打上錯誤標記,交由製單人員進行修改。如審核人員認為憑證沒有錯誤,則審核通過後系統將在審核欄顯示審核人的名字。

(2)憑證審核的操作控制。

①審核人員和製單人員不能是同一人。

②審核憑證只能由具有審核權限的人員進行。

③已經通過審核的憑證不能被修改或者刪除,如果要修改或刪除,需要審核人員取消審核簽字後,才能進行。

④審核未通過的憑證必須進行修改,並通過審核後方可被記帳。

4.憑證記帳

(1)記帳功能。在會計軟件中,記帳是指由具有記帳權限的人員,通過記帳功能發出指令,由計算機按照會計軟件預先設計的記帳程序自動進行合法性校驗、科目匯總、登記帳目等操作。如圖 3-38 所示。

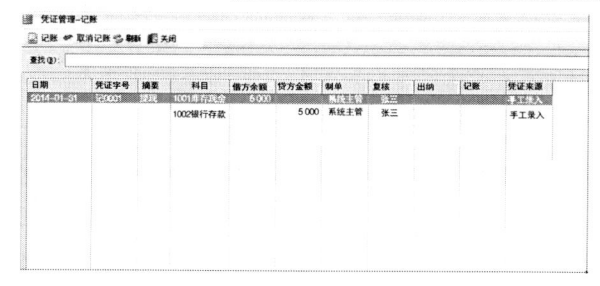

圖 3-38　憑證記帳

(2)記帳的操作控製。

①期初餘額不平衡,不能記帳。

②上月未結帳,本月不可記帳。

③未被審核的憑證不能記帳。

④一個月可以一天記一次帳,也可以一天記多次帳,還可以多天記一次帳。

⑤記帳過程中,不應人為終止記帳。

5.憑證查詢

在會計業務處理過程中,用戶可以查詢符合條件的憑證,以便隨時瞭解經濟業務發生的情況。如圖 3-39 所示。

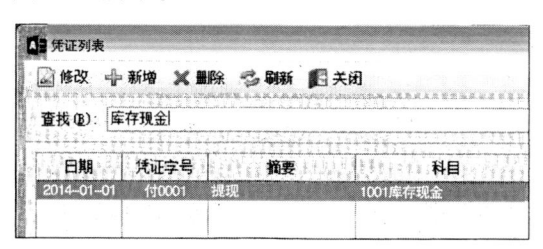

圖 3-39　憑證查詢

(二)出納管理

出納主要負責庫存現金和銀行存款的管理。出納管理的主要工作包括庫存現金日記帳、銀行存款日記帳和資金日報表的管理、支票管理,進行銀行對帳並輸出銀行存款餘額調節表。

1.庫存現金日記帳、銀行存款日記帳及資金日報表的管理

出納對庫存現金日記帳和銀行存款日記帳的管理包括查詢和輸出庫存現金及銀行存款日記帳。

資金日報表以日為單位,列示庫存現金、銀行存款科目當日累計借方發生額和貸方發生額,計算出當日的餘額,並累計當日發生的業務筆數,對每日的資金收支

業務、金額進行詳細匯報。出納對資金日報表的管理包括查詢、輸出和打印資金日報表,提供當日借、貸金額合計和餘額,以及發生的業務量等信息。

2.支票管理

支票管理功能主要包括支票的購置、領用和報銷。

(1)支票購置。支票購置是指對從銀行新購置的空白支票進行登記操作。登記的內容包括購置支票的銀行帳號、購置支票的支票規則、購置的支票類型、購置日期等。

(2)支票領用。支票領用時應登記詳細的領用記錄,包括領用部門、領用人信息、領用日期、支票用途、支票金額、支票號、備註等。

(3)支票報銷。對已領用的支票,在支付業務處理完畢後,應進行報銷處理。會計人員應填製相關記帳憑證,並填入待報銷支票的相關信息,包括支票號、結算方式、簽發日期、收款人名稱、付款金額等。

3.銀行對帳

銀行對帳是指在每月月末,企業的出納人員將企業的銀行存款日記帳與開戶銀行發來的當月銀行存款對帳單進行逐筆核對,勾對已達帳項,找出未達帳項,並編製每月銀行存款餘額調節表的過程。

會計軟件中執行銀行對帳功能,具體步驟包括銀行對帳初始數據錄入、本月銀行對帳單錄入、對帳、銀行存款餘額調節表的編製等。

(1)銀行對帳初始數據錄入。在首次啟用銀行對帳功能時,需要事先錄入帳務處理模塊啟用日期前的銀行和企業帳戶餘額及未達帳項,即銀行對帳的初始數據。從啟用月份開始,上月對帳的未達帳項將自動加入以後月份的對帳過程中。

(2)銀行對帳單錄入。對帳前,必須將銀行對帳單的內容錄入系統中。錄入的對帳單內容一般包括入帳日期、結算方式、結算單據字號、借方發生額、貸方發生額,餘額由系統自動計算。

(3)對帳。在會計電算化環境下,系統提供自動對帳功能,即系統根據用戶設置的對帳條件進行逐筆檢查,對達到對帳標準的記錄進行勾對,未勾對的即為未達帳項。

系統進行自動對帳的條件一般包括業務發生的日期、結算方式、結算票號、發生金額相同等。其中,發生金額相同是對帳的基本條件,對於其他條件,用戶可以根據需要自定義選擇。

除了自動對帳外,系統一般還提供手工對帳功能。特殊情況下,有些已達帳項通過設置的對帳條件系統無法識別,這就需要出納人員通過人工識別進行勾對。

(4)餘額調節表的編製。對帳完成後,系統根據本期期末的銀行存款日記帳的

餘額、銀行對帳單的餘額對未達帳項進行調整,自動生成銀行存款餘額調節表。調整後,銀行存款日記帳和銀行對帳單的餘額應該相等。用戶可以在系統中查詢餘額調節表,但不能對其進行修改。

(5)核銷已達帳項。對帳平衡後,核銷銀行日記帳已達帳項和銀行對帳單已達帳項。

(三)帳簿查詢

1.科目帳查詢

(1)總帳查詢。用於查詢各總帳科目的年初餘額、各月期初餘額、發生額合計和期末餘額。總帳查詢可以根據需要設置查詢條件,如科目代碼、科目範圍、科目級次、是否包含未記帳憑證等。在總帳查詢窗口下,系統一般允許聯查當前科目當前月份的明細帳。

(2)明細帳查詢。用於查詢各帳戶的明細發生情況,用戶可以設置多種查詢條件查詢明細帳,包括科目範圍、查詢月份、科目代碼、是否包括未記帳憑證等。在明細帳查詢窗口下,系統一般允許聯查所選明細事項的記帳憑證及聯查總帳。

(3)餘額表查詢。用於查詢統計各級科目的期初餘額、本期發生額、累計發生額和期末餘額等。用戶可以設置多種查詢條件。利用餘額表可以查詢和輸出總帳科目、明細科目在某一時期內的期初餘額、本期發生額、累計發生額和期末餘額;可以查詢和輸出某科目範圍在某一時期內的期初餘額、本期發生額、累計發生額和期末餘額;可以查詢和輸出包含未記帳憑證在內的最新發生額及期初餘額和期末餘額。

(4)多欄帳,即多欄式明細帳,用戶可以預先設計企業需要的多欄式明細帳,然後按照明細科目保存為不同名稱的多欄帳。查詢多欄帳時,用戶可以設置多種查詢條件,包括多欄帳名稱、月份、是否包含未記帳憑證等。

(5)日記帳查詢。用於查詢除庫存現金日記帳、銀行存款日記帳之外的其他日記帳。用戶可以查詢輸出某日所有會計科目(不包括庫存現金、銀行存款會計科目)的發生額及餘額情況。用戶可以設置多種查詢條件,包括查詢日期、會計科目級次、會計科目代碼、幣別、是否包含未記帳憑證等。

2.輔助帳查詢

輔助帳查詢一般包括客戶往來、供應商往來、個人往來、部門核算、項目核算的輔助總帳、輔助明細帳查詢。在會計科目設置時,如果某一會計科目設置多個輔助核算,則在輸出時會提供多種輔助帳簿信息。

三、帳務處理模塊期末處理

帳務處理模塊的期末處理是指會計人員在每個會計期間的期末所要完成的特定業務,主要包括會計期末的轉帳、對帳、結帳等。

(一)自動轉帳

自動轉帳是指對於期末那些摘要、借貸方科目固定不變,發生金額的來源或計算方法基本相同,相應憑證處理基本固定的會計業務,將其既定模式事先錄入並保存到系統中,在需要的時候,讓系統按照既定模式,根據對應會計期間的數據自動生成相應的記帳憑證。自動轉帳的目的在於減少工作量,避免會計人員重複錄入此類憑證,提高記帳憑證錄入的速度和準確度。

1. 自動轉帳的步驟

(1)自動轉帳定義,是指對需要系統自動生成憑證的相關內容進行定義。在系統中事先進行自動轉帳定義,設置的內容一般包括編號、憑證類別、摘要、發生科目、輔助項目、發生方向、發生額計算公式等。

(2)自動轉帳生成,是指在自動轉帳定義完成後,用戶每月月末只需要執行轉帳生成功能,即可快速生成轉帳憑證,並被保存到未記帳憑證中。

用戶應該按期末結轉的順序來執行自動轉帳生成功能。此外,在自動轉帳生成前,應該將本會計期間的全部經濟業務填製記帳憑證,並將所有未記帳憑證審核記帳。

保存系統自動生成的轉帳憑證時,系統同樣會對憑證進行校驗,只有通過了系統校驗的憑證才能進行保存。生成後的轉帳憑證將被保存到記帳憑證文件中,製單人為執行自動轉帳生成的操作員。自動生成的轉帳憑證同樣要進行後續的審核、記帳。

2. 常用的自動轉帳功能

(1)自定義轉帳,包括自定義轉帳定義和自定義轉帳生成。自定義轉帳定義允許用戶通過自動轉帳功能自定義憑證的所有內容,然後用戶可以在此基礎上執行轉帳生成。

(2)期間損益結轉,包括期間損益定義和期間損益生成。期間損益結轉用於在一個會計期間結束時,將損益類科目的餘額結轉到本年利潤科目中,從而及時反應企業利潤的盈虧情況。

用戶應該將所有未記帳憑證審核記帳後,再進行期間損益結轉。在操作時需要設置憑證類別,一般憑證類別為轉帳憑證。執行此功能後,一般系統能夠自動搜索和識別需要進行損益結轉的所有科目(即損益類科目),並將它們的期末餘額(即

發生淨額)轉到本年利潤科目中。

(二)對帳

對帳是指為保證帳簿記錄正確可靠,對帳簿數據進行檢查核對。對帳主要包括總帳和明細帳、總帳和輔助帳、明細帳和輔助帳的核對。為了保證帳證相符、帳帳相符,用戶應該經常進行對帳,至少一個月一次,一般可在月末結帳前進行。只有對帳正確,才能進行結帳操作。

(三)月末結帳

1.月末結帳功能

結帳主要包括計算和結轉各帳簿的本期發生額和期末餘額,終止本期的帳務處理工作,並將會計科目餘額結轉至下月作為月初餘額。結帳每個月只能進行一次。如圖3-40所示。

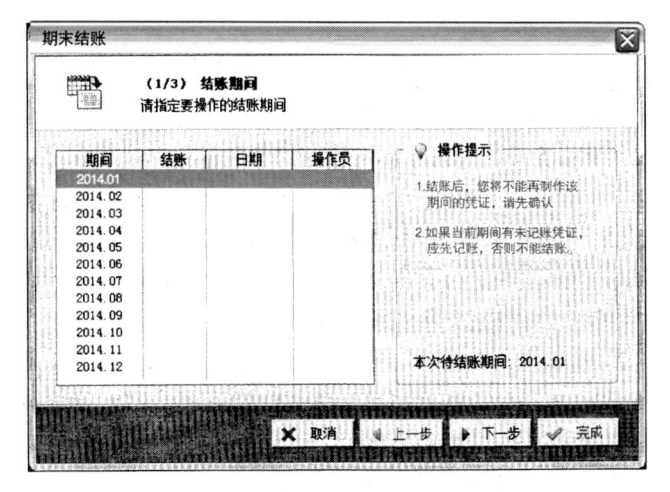

圖 3-40　月末結帳

2.月末結帳操作的控制

結帳工作必須在本月的核算工作都已完成,系統中數據狀態正確的情況下才能進行。因此,結帳工作執行時,系統會檢查相關工作的完成情況,具體如下:

(1)檢查本月記帳憑證是否已經全部記帳,如有未記帳憑證,則不能結帳。

(2)檢查上月是否已經結帳,如上月未結帳,則本月不能結帳。

(3)檢查總帳與明細帳、總帳與輔助帳是否對帳正確,如果對帳不正確則不能結帳。

(4)對科目餘額進行試算平衡,如試算不平衡將不能結帳。

(5)檢查損益類帳戶是否已經結轉到本年利潤,如損益類科目還有餘額,則不

能結帳。

(6)當其他各模塊也已經啟用時,帳務處理模塊必須在其他各模塊都結帳後,才能結帳。

結帳只能由具有結帳權限的人員進行。在結帳前,最好進行數據備份,一旦結帳後發現業務處理有誤,可以利用備份數據恢復到結帳前的狀態。

[考題例證·單選] 會計電算化日常處理的內容不包括(　　)。

  A.憑證處理　　　B.憑證查詢　　　C.記帳　　　D.對帳

【答案】　D

[考題例證·單選] 下列不屬於月末結帳的內容的是(　　)。

  A.停止本月各帳戶的記帳工作

  B.計算本月各帳戶發生額的總數

  C.將損益類科目的餘額結轉到本年利潤科目

  D.計算本月各帳戶期末餘額並將餘額結轉至下月月初

【答案】　C

[考題例證·多選] 憑證錄入的內容包括(　　)。

  A.憑證類別　　　B.憑證編號　　　C.製單日期　　　D.附件張數

【答案】　ABCD

[考題例證·多選] 下列選項中,不能記帳的有(　　)。

  A.本月有未審核憑證　　　　　B.上月未結帳

  C.試算不平衡　　　　　　　　D.本月有未記錄的業務

【答案】　ABC

[考題例證·多選] 下列關於月末結帳操作的控製說法正確的有(　　)。

  A.有未記帳憑證則不能結帳

  B.對帳不正確不能結帳

  C.試算不平衡不能結帳

  D.損益類帳戶未結轉到本年利潤不可以結帳

【答案】　ABCD

[考題例證·判斷] 在期初餘額錄入完畢後,用戶應該進行試算平衡,以檢查期初餘額的錄入是否正確。　　　　　　　　　　　　　　　　　　(　　)

【答案】　√

[考題例證·判斷] 結帳每個月只能進行一次。　　　　　　　　(　　)

【答案】　√

第四節　固定資產管理模塊的應用

一、固定資產管理模塊初始化工作

(一)設置控製參數

1. 設置啟用會計期間

啟用會計期間是指固定資產管理模塊開始使用的時間。固定資產管理模塊的啟用會計期間不得早於系統中該帳套建立的期間。設置啟用會計期間在第一次進入固定資產管理模塊時進行。

2. 設置折舊相關內容

設置折舊相關內容一般包括是否計提折舊、折舊率小數位數等。

如果確定不計提折舊，則不能操作帳套內與折舊有關的功能。如圖 3-41 所示。

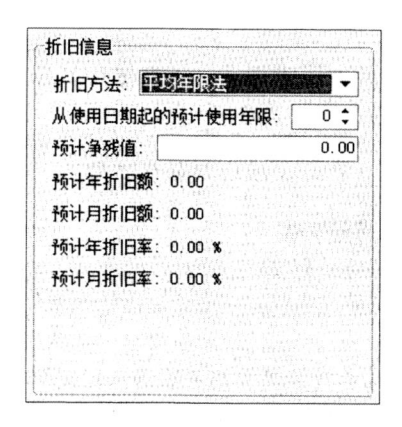

圖 3-41　設置折舊信息

3. 設置固定資產編碼

固定資產編碼是區分每一項固定資產的唯一標示。如圖 3-42 所示。

圖 3-42　設置固定資產編碼

(二)設置基礎信息

1.設置折舊對應科目

折舊對應科目是指折舊費用的入帳科目，資產計提折舊後必須設定折舊數據應歸入哪個成本或費用科目。根據固定資產的使用狀況，某一部門內的固定資產的折舊費用可以歸集到一個比較固定的科目，便於系統根據部門生成折舊憑證。例如車間的折舊費用歸集為製造費用，銷售部門的折舊費用歸集為銷售費用，管理部門的折舊費用歸集為管理費用。如圖 3-43 所示。

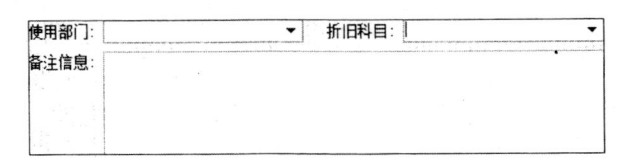

圖 3-43　設置折舊對應科目

2.設置增減方式

企業固定資產增加或減少的具體方式不同，其固定資產的確認和計量方法也不同。記錄和匯總固定資產具體增減方式的數據也是為了滿足企業加強固定資產管理的需要。如圖 3-44 所示。

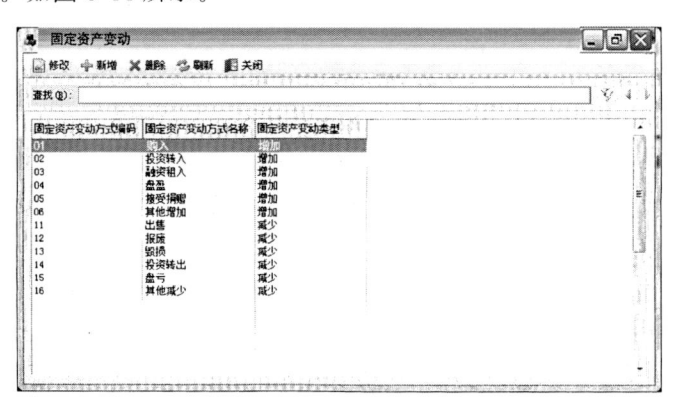

圖 3-44　設置增減方式

固定資產增加的方式主要有直接購買、投資者投入、捐贈、盤盈、在建工程轉入、融資租入等。

固定資產減少的方式主要有出售、盤虧、投資轉出、捐贈轉出、報廢、毀損、融資租出等。

第三章 會計軟件的應用

3. 設置使用狀況

企業需要明確固定資產的使用狀況,加強固定資產的核算和管理。同時,不同使用狀況的固定資產折舊計提處理也有區別,需要根據使用狀況設置相應的折舊規則。

固定資產使用狀況包括在用、經營性出租、大修理停用、季節性停用、不需要和未使用。

4. 設置折舊方法

設置折舊方法是系統自動計算折舊的基礎。折舊方法通常包括不提折舊、平均年限法、工作量法、年數總和法和雙倍餘額遞減法等。系統一般會列出每種折舊方法的默認折舊計算公式,企業也可以根據需要,定義適合自己的折舊方法的名稱和計算公式。

5. 設置固定資產類別

固定資產種類繁多、規格不一,需建立科學的固定資產分類體系。為強化固定資產管理,企業可根據自身的特點和管理方法,確定一個較為合理的固定資產分類方法。如圖 3-45 所示。

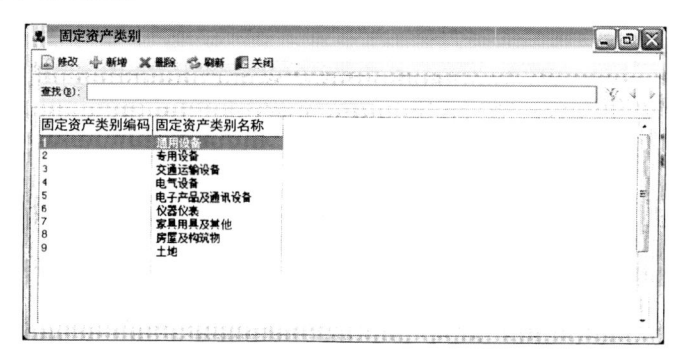

圖 3-45　設置固定資產類別

(三) 錄入原始卡片

固定資產卡片是固定資產核算和管理的數據基礎。在初始使用固定資產模塊時,應該錄入當期期初(即為上期期末)的固定資產數據,作為後續固定資產核算和管理的起始基礎。固定資產卡片記錄每項固定資產的詳細信息,一般包括固定資產編號、名稱、類別、規格型號、使用部門、增加方式、使用狀況、預計使用年限、殘值率、折舊方法、開始使用日期、原值、累計折舊等。如圖 3-46 所示。

圖 3-46　錄入原始卡片

二、固定資產管理模塊日常處理

企業日常營運中，會發生固定資產相關業務，一般包括固定資產增加、減少、固定資產變動等。在每個會計期間，用戶可在固定資產管理模塊中對相關日常業務進行管理和核算。

(一)固定資產增加

固定資產增加是指企業購進或通過其他方式增加固定資產，應為增加的固定資產建立一張固定資產卡片，錄入增加的固定資產的相關信息、數據。如圖 3-47 所示。

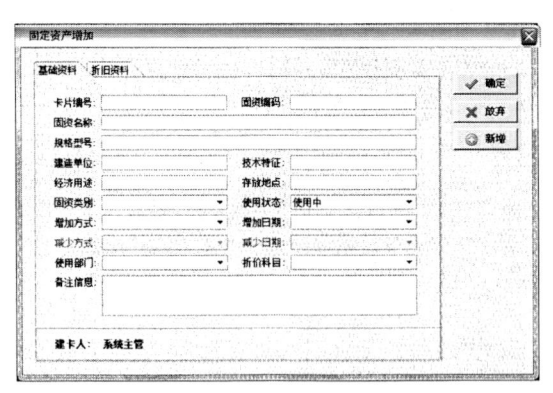

圖 3-47　固定資產增加

(二)固定資產減少

固定資產減少業務的核算不是直接減少固定資產的價值，而是輸入資產減少

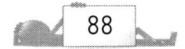

卡片,說明減少原因,記錄業務的具體信息和過程,保留審計線索。如圖 3-48 所示。

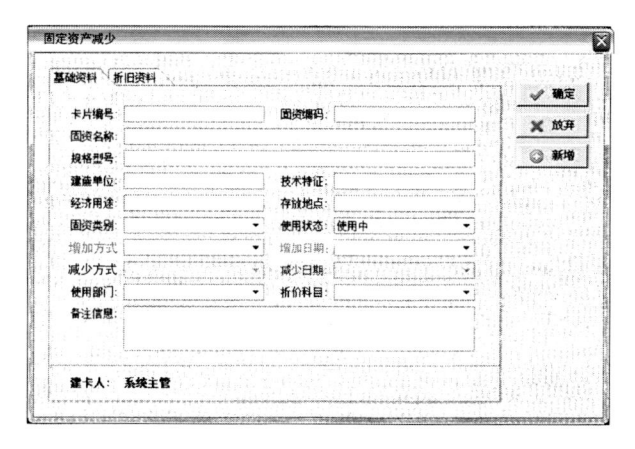

圖 3-48　固定資產減少

(三)固定資產變動

固定資產變動業務包括價值信息變更和非價值信息變更兩部分內容。

1. 價值信息的變更

(1)固定資產原值變動。固定資產使用過程中,其原值變動的原因一般包括根據國家規定對固定資產重新估價、增加補充設備或改良設備、將固定資產的一部分拆除、根據實際價值調整原來的暫估價值、發現原記錄固定資產的價值有誤等幾種情況。

(2)折舊要素的變更,包括使用年限調整、折舊方法調整、淨殘值(率)調整、累計折舊調整等。

2. 非價值信息變更

固定資產非價值信息變更包括固定資產的使用部門變動、使用狀況變動、存放地點變動等。

(四)生成記帳憑證

設置固定資產憑證處理選項之後,固定資產管理模塊對於需要填製記帳憑證的業務能夠自動完成記帳憑證填製工作,並傳遞給帳務處理模塊。如圖 3-49 所示。

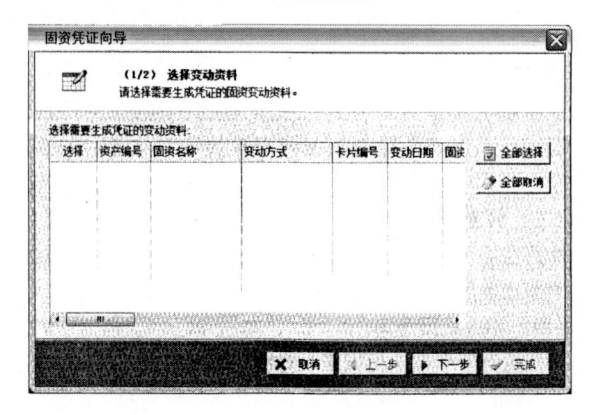

圖 3-49　生成相關憑證

三、固定資產管理模塊期末處理

(一)計提折舊

固定資產管理模塊提供自動計提折舊的功能。初次錄入固定資產原始卡片時,應將固定資產的原值、使用年限、殘值(率)以及折舊計提方法等相關信息錄入系統。在期末,系統利用自動計提折舊功能,對各項固定資產按照定義的折舊方法計提折舊,並將當期的折舊額自動累計到每項資產的累計折舊項目中,並減少固定資產帳面價值。然後,系統將計提的折舊金額依據每項固定資產的用途歸屬到對應的成本、費用項目中,生成折舊分配表,並以此為依據,製作相應的記帳憑證,並傳遞給帳務處理模塊。

系統還可以提供折舊清單,顯示所有應計提折舊的資產已計提折舊的信息。

[考題例證‧實務操作]

計提 2014 年 1 月份的固定資產折舊。

[操作步驟提示]

(1)單擊「固定資產」|「計提折舊」,系統提示「指定累計折舊科目」對話框。如圖 3-50 所示。

圖 3-50　計提折舊—指定累計折舊科目

(2)單擊「下一步」按鈕，系統提示設置「折舊憑證類型」對話框，選擇「轉帳憑證」。如圖 3-51 所示。

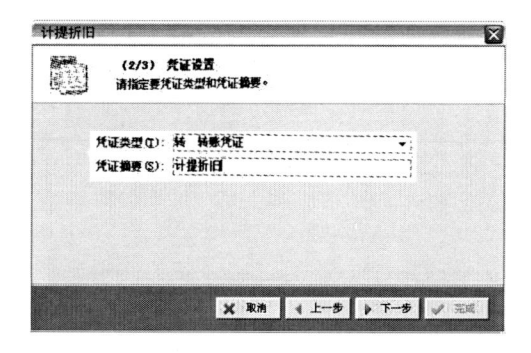

圖 3-51　計提折舊—設置憑證類型

(3)單擊「下一步」按鈕，系統提示「折舊憑證預覽」對話框。如圖 3-52 所示。

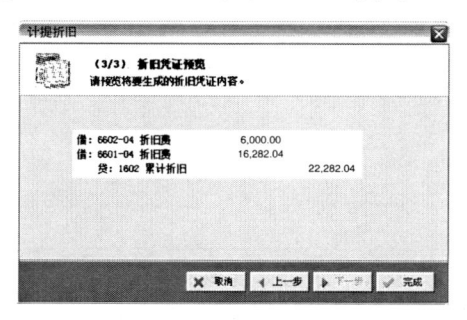

圖 3-52　計提折舊—折舊憑證預覽

(4)單擊「完成」按鈕，在彈出的對話框中選擇「是」，查看並保存折舊憑證。如圖 3-53 所示。

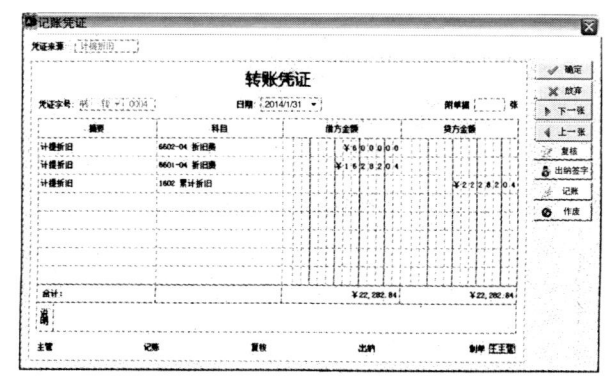

圖 3-53　計提折舊—折舊憑證生成

(二)對帳

固定資產管理模塊對帳功能主要是指與帳務處理模塊進行對帳。對帳工作主要是為了保證固定資產管理模塊的資產價值、折舊、減值準備等與帳務處理模塊中對應科目的金額相一致。

(三)月末結帳

用戶在固定資產管理模塊中完成本月全部業務和生成記帳憑證並對帳正確後,可以進行月末結帳。

(四)相關數據查詢

固定資產管理模塊提供帳表查詢功能,用戶可以對固定資產相關信息按照不同標準進行分類、匯總、分析和輸出,以滿足各方面管理決策的需要。

[考題例證‧單選] 企業可根據自身的特點和管理方法,通過( )確定一個較為合理的固定資產分類方法。

A.設置固定資產類別　　　B.設置固定資產卡片
C.設置固定資產編碼　　　D.設置固定資產名稱

【答案】 A

[考題例證‧單選] 固定資產管理模塊製作記帳憑證,把折舊額分配到有關成本和費用的依據是( )。

A.折舊清單　　　　　　B.折舊分配表
C.固定資產卡片　　　　D.折舊原始憑證

【答案】 B

[考題例證‧多選] 固定資產管理模塊日常處理一般包括( )。

A.固定資產編碼　　　　B.固定資產減少
C.固定資產變動　　　　D.固定資產增加

【答案】 BCD

[考題例證‧多選] 固定資產變動的情況主要包括( )。

A.原值變動　　　　　　B.折舊方法調整
C.使用部門變動　　　　D.固定資產名稱變更

【答案】 ABC

[考題例證‧多選] 下列工作中,屬於固定資產模塊初始化工作的有( )。

A.設置固定資產增減方式　　B.設置固定資產類別
C.設置折舊方法　　　　　　D.錄入固定資產原始卡片

【答案】　ABCD

［考題例證・多選］　固定資產管理模塊期末處理包括(　　)。

  A.計提折舊　　　　　　　　　　B.對帳

  C.增加固定資產　　　　　　　　D.月末結帳

【答案】　ABD

［考題例證・判斷］　固定資產管理模塊提供自動計提折舊的功能。（　　）

【答案】　√

［考題例證・判斷］　在一個期間可以多次計提折舊。（　　）

【答案】　√

［考題例證・實務操作］

王主管於2014年1月1日設置如表3-10所示的固定資產的增減方式、表3-11所示的固定資產類別。

表3-10　固定資產的增減方式

增加方式	對應入帳科目	減少方式	對應入帳科目
購入	銀行存款——工行(1002-01)	出售	固定資產清理(1606)
投資轉入	實收資本(4001)	投資轉出	長期股權投資(1511)
在建工程轉入	在建工程(1604)	報廢	固定資產清理(1606)

表3-11　固定資產類別

類別編碼	類別名稱	折舊類型	折舊方法	使用年限	淨殘值率
1	通用設備	正常計提折舊	平均年限法		
2	專用設備	正常計提折舊	工作量	0	2%
3	交通運輸設備	正常計提折舊	雙倍餘額遞減法	15	2%
8	房屋及構築物	正常計提折舊	平均年限法	50	2%

［操作步驟提示］

(1)單擊「固定資產」|「固資變動方式」,打開「固資變動方式」窗口。如圖3-54、圖3-55所示。

會 計 電 算 化

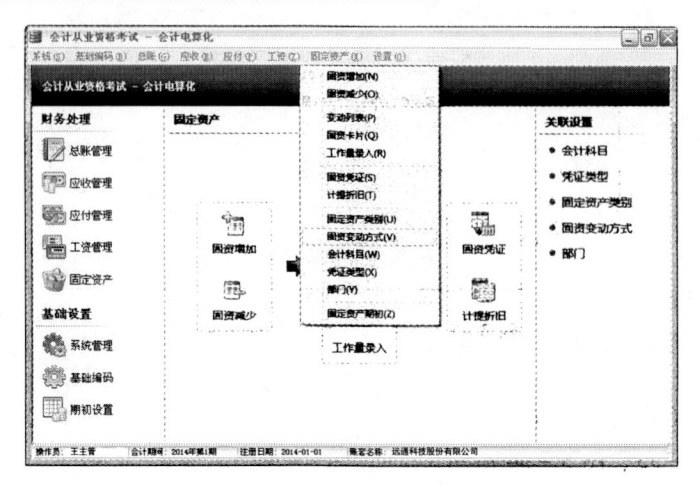

圖 3-54　固定資產管理系統

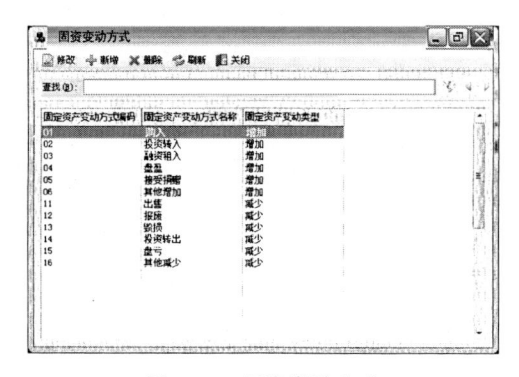

圖 3-55　固資變動方式

(2)選中「01,購入」方式,單擊「修改」按鈕。打開「修改 固資變動方式」對話框,輸入對應科目與憑證類型。如圖 3-56 所示。

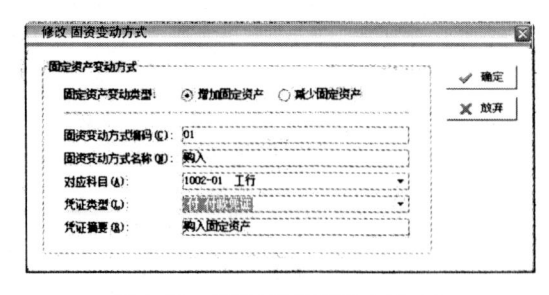

圖 3-56　修改「固資變動方式」01

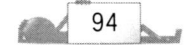

94

(3)依此方法繼續設置固定資產的其他增減方式。如圖 3-57、圖 3-58 所示。

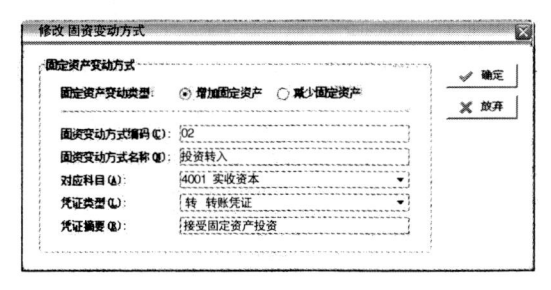

圖 3-57　修改「固資變動方式」02

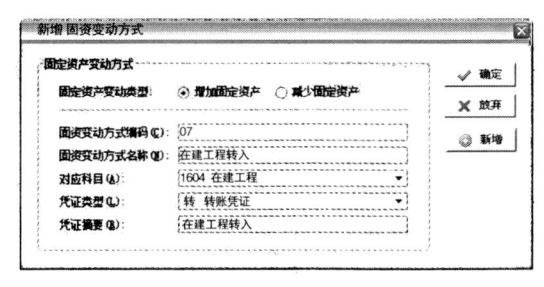

圖 3-58　新增「固資變動方式」

考點擊破：

(1)此處所設置的對應入帳科目是為了在進行增加和減少固定資產業務處理時,直接生成憑證中的會計科目。

(2)已使用的增減方式不能刪除。

(3)生成憑證時如果入帳科目發生了變化,可以進行修改。

(4)單擊「固資」|「固定資產類別」,打開「固定資產類別」窗口。如圖 3-59 所示。

圖 3-59　固定資產類別

(5)選中「2,專用設備」類別,單擊「修改」按鈕。打開「修改固定資產類別」對話框,選擇折舊類型與折舊方法,輸入使用年限或工作總量,輸入淨殘值率。如圖3-60所示。

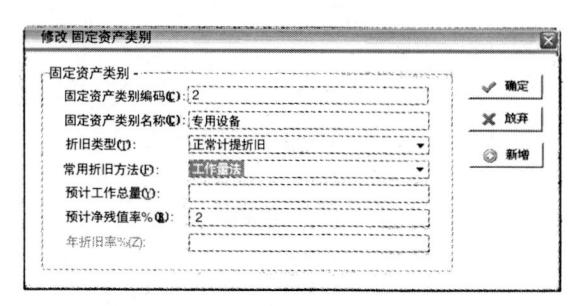

圖 3-60　修改「固定資產類別」

(6)依照此方法設置其他固定資產類別,完成後關閉「固定資產類別」窗口。

> **☞考點擊破:**
> (1)只有在最新會計期間時可以增加資產類別,月末結帳後則不能增加。
> (2)資產類別編碼不能重複,同級的類別名稱不能相同。
> (3)類別編碼、名稱、計提類型和折舊方法不能為空。
> (4)其他各項內容的輸入是為了輸入卡片方便,要缺省的內容可以為空。
> (5)使用過的類別計提屬性不允許刪除。

[考題例證・實務操作]

錄入如表 3-12 所示的固定資產原始卡片。

表 3-12　固定資產原始卡片

卡片編號	0001
固定資產編號	2001
固定資產名稱	專用機器
類別編號	2
類別名稱	專用設備
部門名稱	行政部
增加方式	01 購入
使用狀況	使用中

續表 3-12

使用年限	總 10 000 工時，已提 2 000 工時
折舊方法	工作量法
開始使用日期	2012 年 7 月 1 日
幣種	人民幣
原值	323 600
預計淨殘值	23 600
累計折舊	60 000
對應折舊科目	6602－04 管理費用——折舊費

[操作步驟提示]

(1)單擊「固定資產」|「固定資產期初」，打開「固定資產期初」窗口。單擊「固資增加」，打開「固定資產期初—增加」對話框，輸入該張固定資產原始卡片。如圖 3-61、圖 3-62 所示。

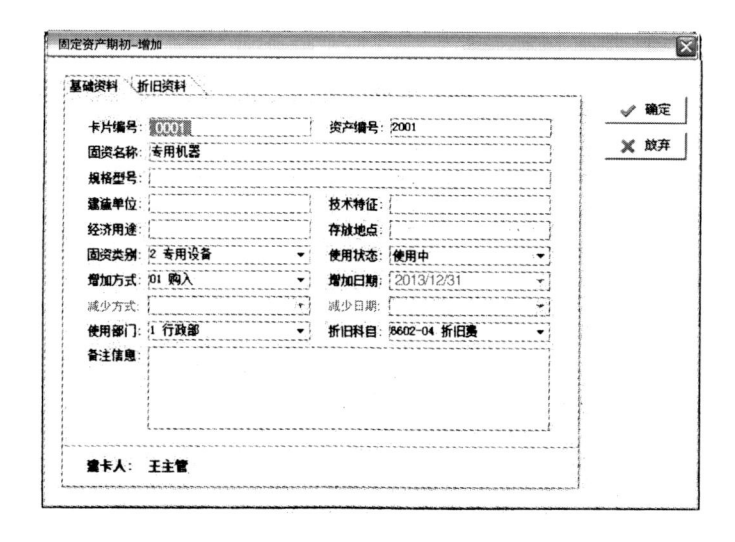

圖 3-61　新增固定資產原始卡片—基礎資料

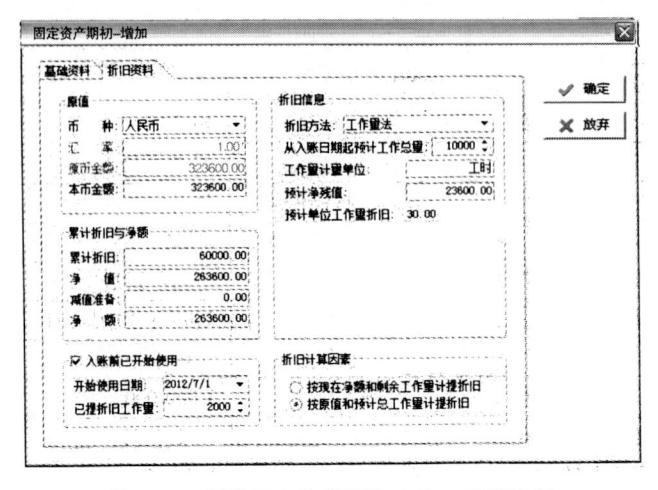

圖 3-62　新增固定資產原始卡片—折舊資料

(2)單擊「確定」按鈕,保存該張固定資產原始卡片。

(3)返回「固定資產期初」列表窗口。如圖 3-63 所示。

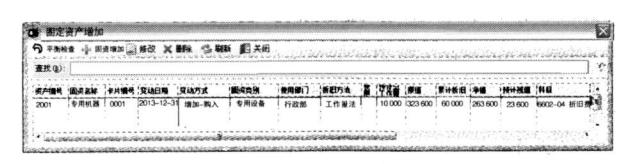

圖 3-63　「固定資產期初」列表

(4)單擊「平衡檢查」按鈕,顯示總帳科目期初與固定資產卡片期初之間的平衡關係。如圖 3-64 所示。

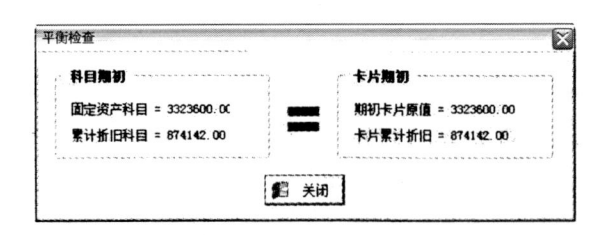

圖 3-64　固定資產期初對帳

考點擊破：

(1) 錄入人自動顯示為當前操作員,錄入日期為當前登錄日期。

(2) 原值、累計折舊和累計工作量錄入的一定要是卡片錄入月的月初價值,否則將會出現計算錯誤。

(3) 已計提月份必須嚴格按照該資產已經計提的月份數,不包括使用期間停用等不計提折舊的月份,否則不能正確計算折舊。

(4) 總帳系統必須與固定資產系統中的數據核對一致,否則,勢必會出現帳帳、帳證不符的現象。

[考題例證・實務操作]

增加固定資產的處理方法。

2014年1月30日,銷售部購買金杯小型卡車1輛,買入價65 000元,增值稅進項稅額為11 050元。預計使用年限15年,預計淨殘值率為2%,採用「雙倍餘額遞減法」計提折舊。

[操作步驟提示]

單擊「固定資產」|「固資增加」,打開「固定資產增加」窗口,輸入新增固定資產的相關信息。如圖3-65、圖3-66所示。

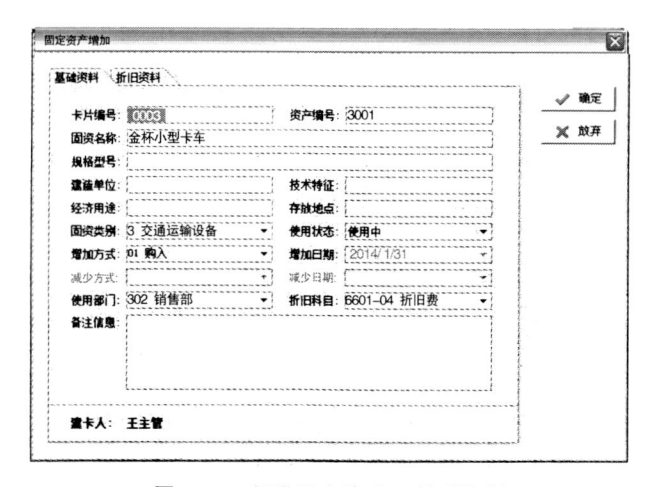

圖3-65　新增固定資產—基礎資料

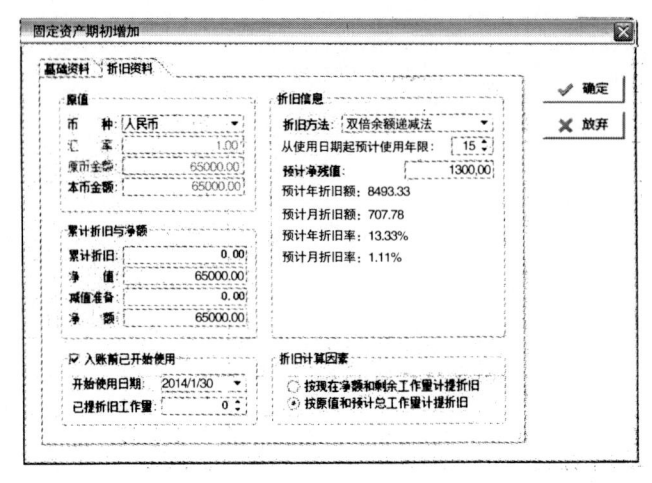

圖 3-66　新增固定資產—折舊資料

> **☞ 考點擊破：**
>
> 　　(1)新卡片第 1 個月不提折舊，折舊額為空或 0。
>
> 　　(2)原值錄入的一定為卡片錄入月的月初的價值，否則將會出現計算錯誤。
>
> 　　(3)如果錄入的累計折舊、累計工作量不是「0」，說明是舊資產，該累計折舊或累計工作量是在進入本企業前的值。
>
> 　　(4)已計提月份必須嚴格按照該資產在其他單位已經計提或估計已計提的月份數，不包括使用期間停用等不計提折舊的月份，否則不能正確計算折舊。

[考題例證・實務操作]

固定資產工作量錄入。

2014 年 1 月 31 日，錄入專用機器本月工作量 200 工時。

[操作步驟提示]

單擊「固定資產」|「工作量錄入」，打開「工作量錄入」窗口，在專用機器本期工作量欄中直接輸入「200」。如圖 3-67 所示。

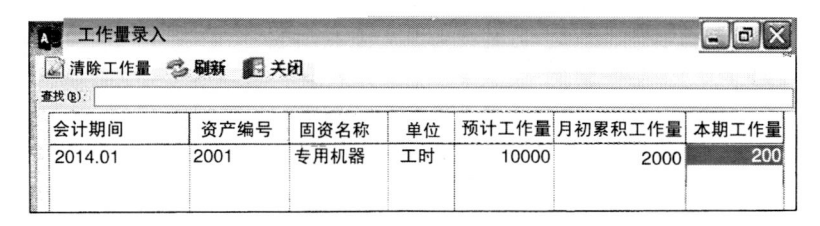

圖 3-67　固定資產工作量錄入

［考題例證・實務操作］

2014 年 1 月 31 日，將固定資產編號為「2001」的行政部專用機器進行報廢處理。

［操作步驟提示］

單擊「固定資產」|「固資減少」，在「固定資產減少」對話框中輸入資產編號、減少方式，單擊「確定」。如圖 3-68 所示。

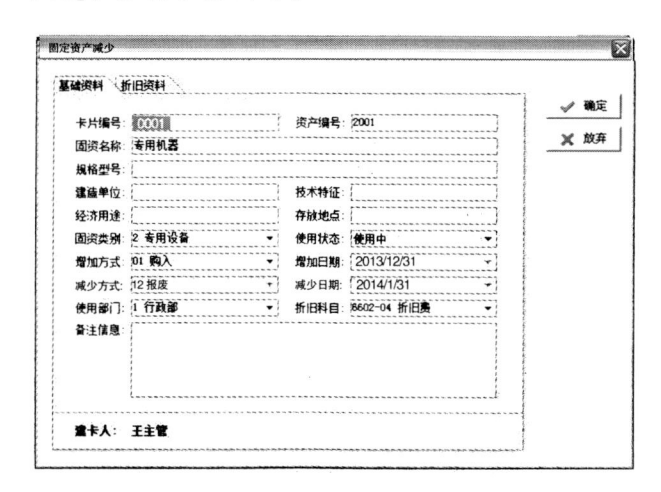

圖 3-68　固定資產減少

［考題例證・實務操作］

將 1 月份的新增與減少的固定資產進行生成憑證處理。

［操作步驟提示］

(1)單擊「固定資產」|「固資憑證」，系統提示「固資憑證向導—選擇變動資料」對話框，選中「3001」資產。如圖 3-69 所示。

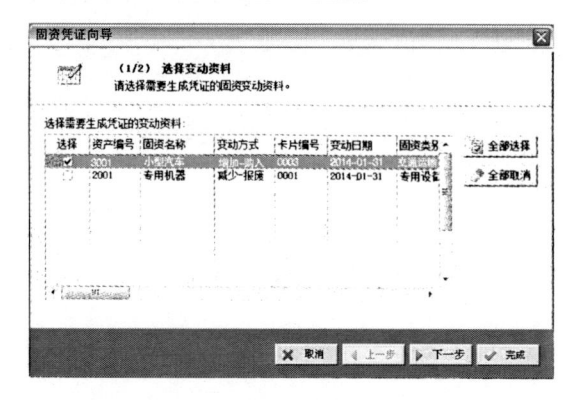

圖 3-69　固資憑證向導 1—選擇變動資料

(2)單擊「下一步」。如圖 3-70 所示。

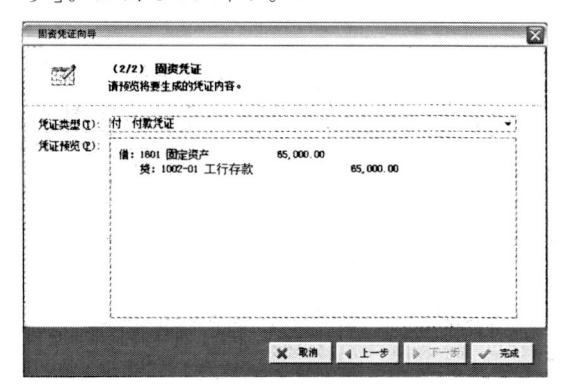

圖 3-70　固資憑證向導 2—選擇憑證類型

(3)單擊「完成」按鈕，在彈出的對話框中選擇「是」，查看並保存「新增固定資產憑證」。如圖 3-71 所示。

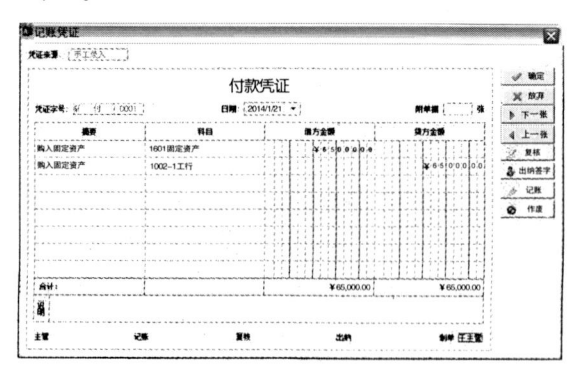

圖 3-71　生成新增固定資產憑證

（4）重複以上步驟，生成並保存「減少固定資產憑證」。

> ☞ **考點擊破：**
> 由固定資產系統傳遞到總帳系統中的憑證，在總帳系統中不能修改和刪除。

第五節　工資管理模塊的應用

一、工資管理模塊初始化工作

(一) 設置基礎信息

1. 設置工資類別

工資類別用於對工資核算範圍進行分類。企業一般可按人員、部門或時間等設置多個工資類別。

2. 設置工資項目

設置工資項目是計算工資的基礎，包括工資項目名稱、類型、數據長度、小數位數等。如圖3-72所示。

工資管理模塊不僅要求用戶在系統初建時設置工資項目，而且日後也允許用戶適當增加或刪除其中的項目。

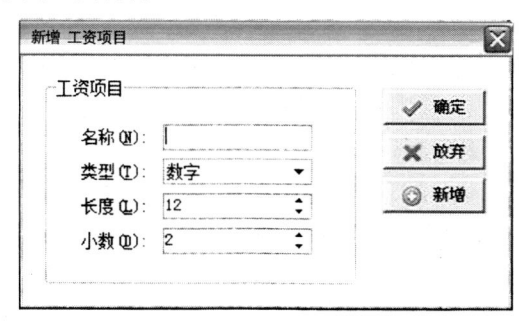

圖 3-72　設置工資項目

3. 設置工資項目計算公式

設置工資項目計算公式是指企業根據其財務制度，設置某一工資類別下的工資計算公式。如圖3-73所示。

圖 3-73 設置工資項目計算公式

4. 設置工資類別所對應的部門

設置工資類別所對應的部門後,可以按部門核算各類人員工資,提供部門核算資料。如圖 3-74 所示。

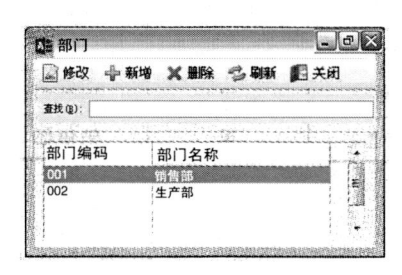

圖 3-74 設置工資類別對應部門

5. 設置所得稅

為了計算與申報個人所得稅,需要對個人所得稅進行相應的設置。設置內容具體包括基本扣減額、所得項目、累進稅率表等。

6. 設置工資費用分攤

企業在月內發放的工資,不僅要按工資用途進行分配,而且需要按工資一定比例計提某些費用。為此系統提供設置計提費用種類和設置相應科目的功能。

(二)錄入工資基礎數據

第一次使用工資管理模塊必須將所有人員的基本工資數據錄入計算機。

由於工資數據具有來源分散等特點,工資管理模塊一般提供以下數據輸入方式:

(1)單個記錄錄入。選定某一特定員工,輸入或修改其工資數據。

(2)成組數據錄入。先將工資項目分組,然後按組輸入。

(3)按條件成批替換。對符合條件的某些工資項,統一替換為一個相同的數據。

(4)公式計算。適用於有確定取數關係的數據項。

(5)從外部直接導入數據。通過數據接口將工資數據從車間、人事、後勤等外部系統導入工資管理模塊。

二、工資管理模塊日常處理

(一)工資計算

1. 工資變動數據錄入

工資變動是指對工資可變項目的具體數額進行修改,以及對個人的工資數據進行修改、增刪。工資變動數據錄入是指輸入某個期間內工資項目中相對變動的數據,如獎金、請假扣款等。如圖 3-75 所示。

圖 3-75　工資變動數據錄入

2. 工資數據計算

工資數據計算是指按照所設置的公式計算每位員工的工資數據。

(二)個人所得稅計算

工資管理模塊提供個人所得稅自動計算功能,用戶可以根據政策的調整,定義最新的個人所得稅稅率表,系統可以自動計算個人所得稅。

(三)工資分攤

工資分攤是指對當月發生的工資費用進行工資總額的計算、分配及各種經費的計提,並自動生成轉帳憑證傳遞到帳務處理模塊。工資費用分攤項目一般包括應付工資、應付福利費、職工教育經費、工會經費、各類保險等。

(四)生成記帳憑證

根據工資費用分攤的結果及設置的借貸科目,生成記帳憑證並傳遞到帳務處理模塊。

105

三、工資管理模塊期末處理

(一)期末結帳

在當期工資數據處理完畢後,需要通過期末結帳功能進入下一個期間。系統可以對不同的工資類別分別進行期末結帳。

(二)工資表的查詢輸出

工資數據處理結果最終通過工資報表的形式反應,工資管理模塊提供了主要的工資報表,報表的格式由會計軟件提供,如果對報表提供的固定格式不滿意,用戶也可以自行設計。

1. 工資表

工資表主要用於對本月工資發放和統計,包括工資發放表、工資匯總表等。用戶可以對系統提供的工資表進行修改,使報表格式更符合企業的需要。

2. 工資分析表

工資分析表是以工資數據為基礎,對按部門、人員等方式分類的工資數據進行分析和比較,產生各種分析表,供決策人員使用。

[考題例證·單選] 工資管理模塊是按( )來進行核算和管理的。

A. 管理部門　　B. 職工名冊　　C. 工資類別　　D. 職業類型

【答案】 C

[考題例證·多選] 企業一般可按( )等設置多個工資類別。

A. 人員　　B. 時間　　C. 項目　　D. 部門

【答案】 ABD

[考題例證·多選] 工資管理模塊初始化的主要工作有( )。

A. 設置工資類別　　　　　　B. 設置工資項目及項目計算公式

C. 設置個人所得稅　　　　　D. 錄入工資基礎數據

【答案】 ABCD

[考題例證·多選] 工資管理模塊日常處理包含( )。

A. 工資變動數據錄入　　　　B. 個人所得稅計算

C. 工資分攤　　　　　　　　D. 生成記帳憑證

【答案】 ABCD

[考題例證·判斷] 工資變動數據錄入是指輸入某個期間內工資項目中相對變動的數據,如獎金、請假扣款等。 ( )

【答案】 √

[考題例證·實務操作]

新建工資表。

(1)王主管於2014年1月31日新建「2014年1月工資表」;設置如表3-13所示的工資項目與計算公式。

表3-13　工資項目與計算公式

工資項目名稱	類型	長度	小數	計算公式
基本工資	數字	12	2	
崗位津貼	數字	12	2	
應發合計	數字	12	2	基本工資＋崗位津貼
事假天數	數字	12	0	
事假扣款	數字	12	2	事假天數＊100
計稅工資	數字	12	2	應發合計－事假扣款
代扣稅額	數字	12	2	
扣款合計	數字	12	2	代扣稅額＋事假扣款
實發合計	數字	12	2	應發合計－扣款合計

(2)修改職員檔案中所有人的扣稅標準為「中方人員:3 500元」。

[操作步驟提示]

(1)在「會計電算化軟件」窗口中,單擊「工資」|「新建工資表」,打開「新增工資表—工資表名稱」對話框,設置工資表名稱為「2014年1月工資表」。如圖3-76所示。

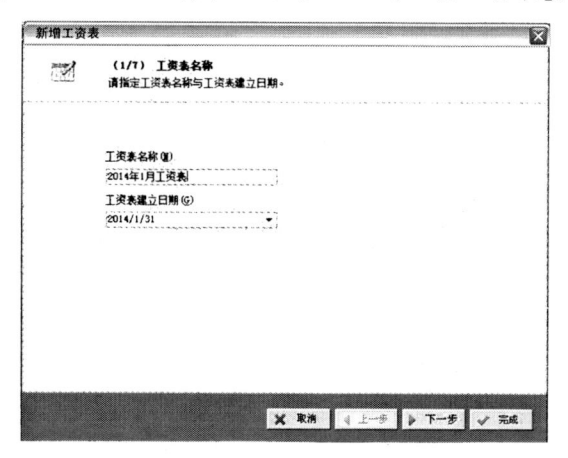

圖3-76　新增工資表—設置工資表名稱

(2)單擊「下一步」,出現「數據來源」窗口。單擊「下一步」,打開「指定發放項目」窗口。

(3)在左側窗口選中「事假天數」項目,單擊「修改」,把「事假天數」項目的小數位改為0。如圖3-77所示。

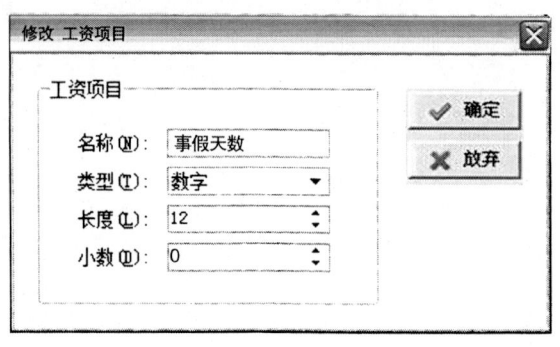

圖 3-77　修改工資項目

（4）單擊「新增」，增加「計稅工資」項目。如圖 3-78 所示。

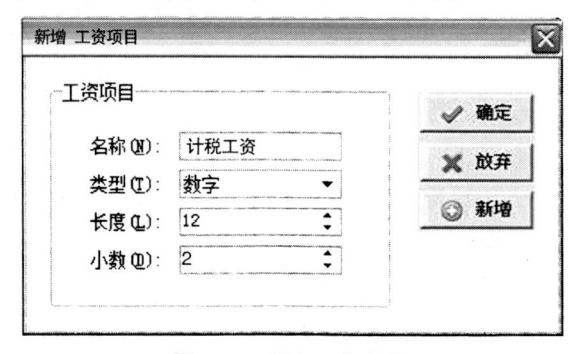

圖 3-78　增加工資項目

（5）按要求設置「本次發放的工資項目」。如圖 3-79 所示。

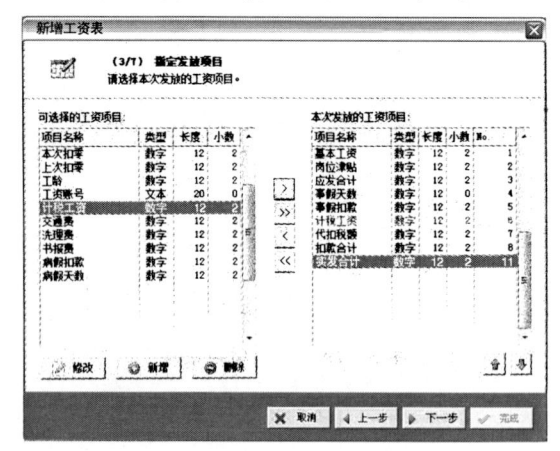

圖 3-79　新增工資表—指定發放項目

（6）單擊「下一步」，出現「清零項目」窗口，不做修改。單擊「下一步」，打開「新增工資表—發放範圍」對話框，全選所有職員。如圖 3-80 所示。

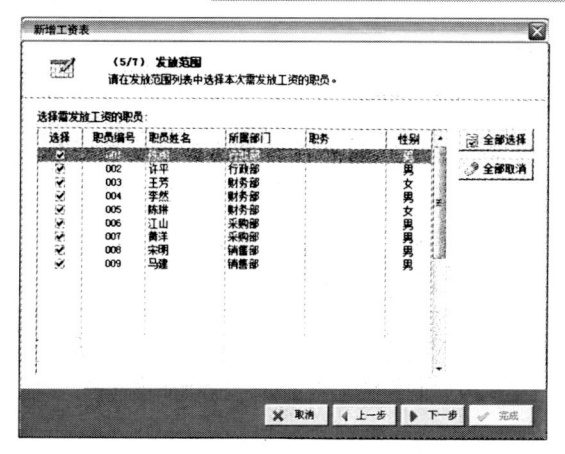

圖 3-80 新增工資表—發放範圍

(7)單擊「下一步」,打開「新增工資表—計算公式」對話框。選中「扣稅計算」選項,在打開的「扣稅設置」對話框中設置扣稅項目為「計稅工資」。如圖 3-81 所示。

圖 3-81 扣稅項目設置

(8)單擊「新增公式」按鈕,按要求輸入各工資項目的計算公式,通過「上移公式」「下移公式」調整公式計算次序。如圖 3-82 所示。

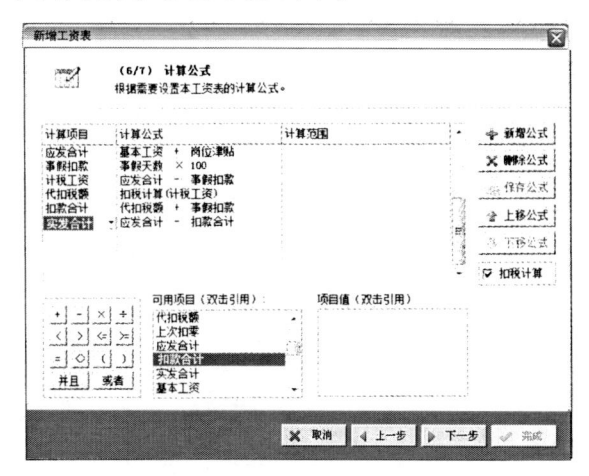

圖 3-82 新增工作表—設置計算公式

（9）單擊「下一步」，打開「工齡計算」對話框，不做修改，單擊「完成」。

（10）單擊「基礎編碼」｜「職員」，選中職員所在行，單擊「修改」｜「輔助信息」，修改所有職員的扣稅標準為「中方人員：3 500元」。如圖3-83所示。

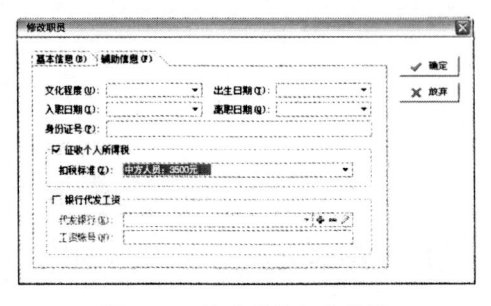

圖3-83　修改職員扣稅標準

[考題例證·實務操作]

(1)修改工資表名為「2014年1月全員工資表」。

(2)錄入如表3-14所示的工資數據。

(3)生成2014年1月工資憑證。

表3-14　2014年1月的工資數據

職員	人員姓名	所屬部門	基本工資	崗位津貼	事假天數
001	陳虎	行政部	5 500	2 000	
002	許平	行政部	5 000	500	
003	王芳	財務部	4 000	1 500	
004	李然	財務部	4 000	500	
005	陳琳	財務部	3 200	4 800	
006	江山	採購部	3 000	1 100	
007	黃洋	採購部	3 000	600	2
008	宋明	銷售部	2 800	300	
009	馬建	銷售部	2 600	300	

[操作步驟提示]

(1)在「會計電算化軟件」窗口中，單擊「工資」｜「工資表目錄」，打開「工資表目錄」窗口。如圖3-84所示。

圖3-84　工資表目錄

(2) 選中並修改「2014 年 1 月工資表」名稱為「2014 年 1 月全員工資表」。如圖 3-85 所示。

圖 3-85　修改工資表名稱

(3) 單擊「下一步」直至完成。

(4) 在「會計電算化軟件」窗口中，單擊「工資」|「工資錄入」，打開「工資表數據錄入」窗口，按表 3-14 數據錄入工資數據。如圖 3-86 所示。

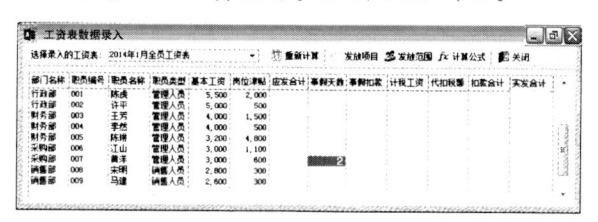

圖 3-86　工資表數據錄入

(5) 單擊「重新計算」按鈕，得到計算完成的工資表內容。如圖 3-87 所示。

圖 3-87　計算完成的工資表內容

(6) 在「會計電算化軟件」窗口中，單擊「工資」|「工資憑證」，打開「工資憑證向導」。如圖 3-88 所示。

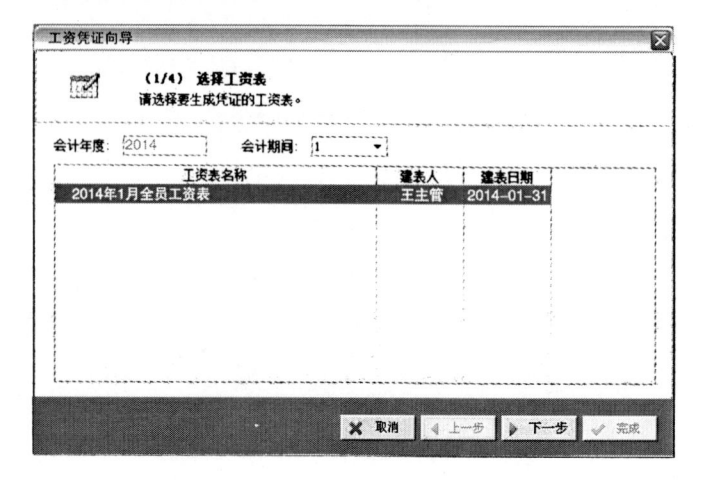

圖 3-88　生成工資憑證 1—選擇工資表

(7)選中需要生成憑證的工資表名稱，單擊「下一步」，打開「輸入工資計提公式」對話框，設置以「實發合計」為計提標準。如圖3-89所示。

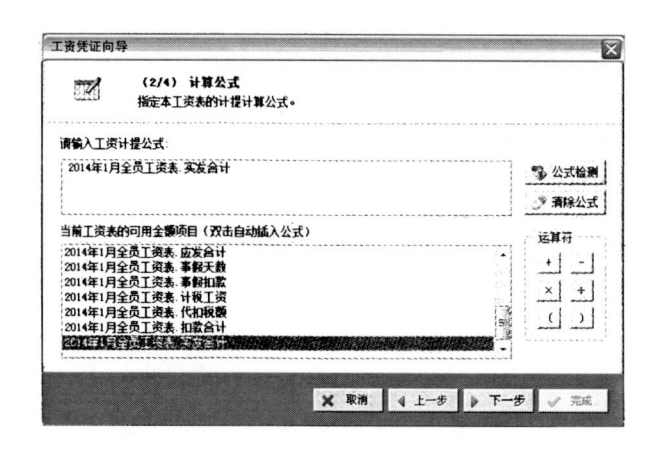

圖 3-89　生成工資憑證 2—輸入工資計提標準

(8)單擊「下一步」，打開「設置科目」對話框，設置管理人員借方科目為「6602－03 工資」、銷售人員借方科目為「6601－03 工資」。如圖 3-90 所示。

第三章　會計軟件的應用

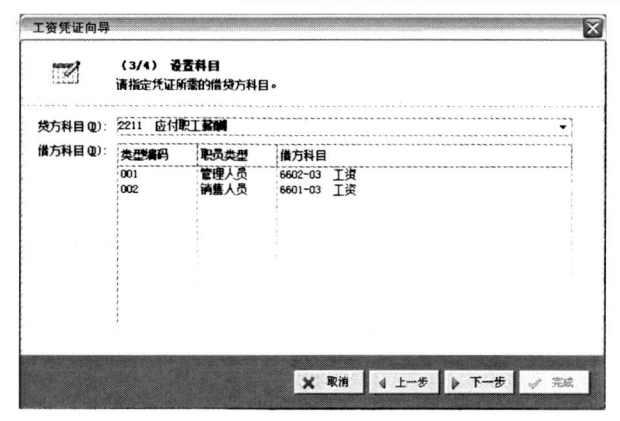

圖 3-90　生成工資憑證 3—輸入工資設置科目

(9) 單擊「下一步」，打開「憑證預覽」對話框，設置憑證類型為「轉帳憑證」。如圖 3-91 所示。

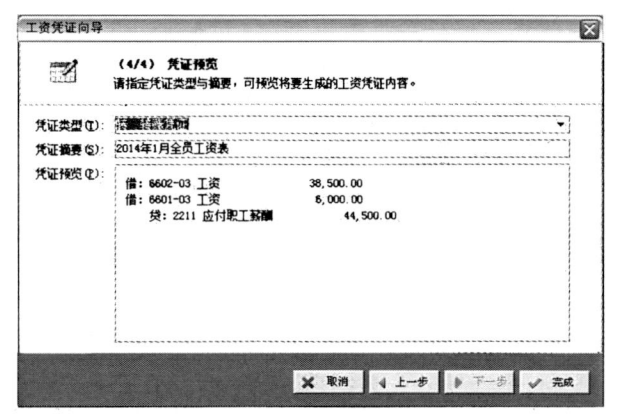

圖 3-91　生成工資憑證 4—憑證預覽

(10) 單擊「完成」，並確認查看生成的工資憑證。如圖 3-92 所示。

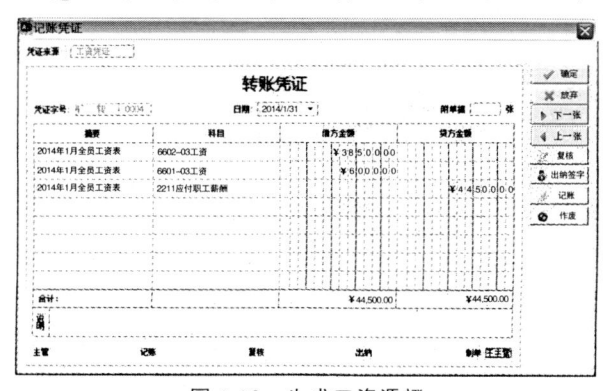

圖 3-92　生成工資憑證

113

第六節　應收管理模塊的應用

一、應收管理模塊初始化工作

(一)控制參數和基礎信息的設置

1. 控制參數的設置

(1)基本信息設置。主要包括企業名稱、銀行帳號、啟用年份與會計期間設置。

(2)壞帳處理方式設置。企業應當按期估計壞帳損失,計提壞帳準備,當某一應收款項全部確認為壞帳時,應根據其金額衝減壞帳準備,同時轉銷相應的應收款項金額。在帳套使用過程中,如果當年已經計提過壞帳準備,則壞帳處理方式這一參數不能更改;如確需更改的,只能在下一年修改。

(3)應收款核銷方式的設置。應收款核銷是確定收款與銷售發票、應收單據之間對應關係的操作,即指明每一次收款所屬銷售業務的款項。應收管理模塊一般提供按單據、按存貨等核銷方式。

(4)規則選項。應收管理模塊的規則選項一般包括核銷是否自動生成憑證、預收衝應收是否生成轉帳憑證等。

2. 基礎信息的設置

(1)設置會計科目,是指定義應收管理模塊憑證製單所需的基本科目。

(2)設置對應科目的結算方式,即設置對應科目的收款方式,主要包括現金、支票、匯票等。

(3)設置帳齡區間,是指為進行應收帳款帳齡分析,根據欠款時間,將應收帳款劃分為若干等級,以便掌握客戶欠款時間的長短。如圖 3-93 所示。

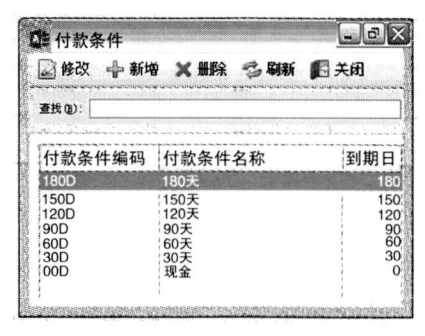

圖 3-93　設置帳齡區間

(二)期初餘額錄入

初次使用應收管理模塊時,要將系統啟用前未處理完的所有客戶的應收帳款、預收帳款、應收票據等數據錄入系統,以便以後的核銷處理。期初餘額錄入一般包括初始單據、初始票據、初始壞帳的錄入。

當第二年度處理時,應收管理模塊自動將上年未處理完的單據轉為下一年的期初餘額。

二、應收管理模塊日常處理

(一)應收處理

1. 單據處理

(1)應收單據處理。企業的應收款來源於銷售發票(包括專用發票、普通發票)和其他應收單。如果應收管理模塊與銷售管理模塊同時使用,則銷售發票必須在銷售管理模塊中填製,並在審核後自動傳遞給應收管理模塊,在應收管理模塊中只需錄入未計入銷售貨款和稅款的其他應收單數據(如代墊款項、運輸裝卸費、違約金等);企業如果不使用銷售管理模塊,則全部業務單據都必須在應收管理模塊中錄入。

應收管理模塊具有銷售發票與其他應收單的新增、修改、刪除、查詢、預覽、打印、製單、審核記帳以及其他處理功能。如圖3-94所示。

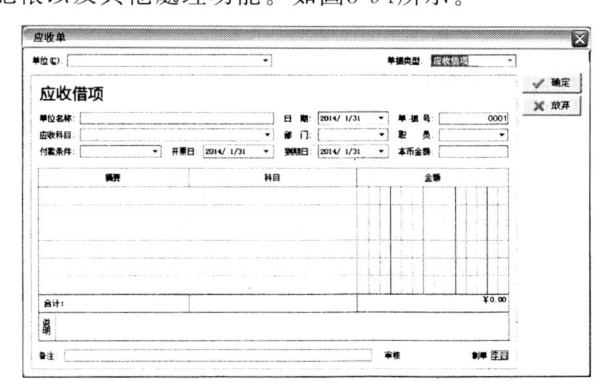

圖 3-94　填製應收單

(2)收款單據處理。收款單據用來記錄企業收到的客戶款項。收款單據處理主要是對收款單和預收單進行新增、修改、刪除等操作。

(3)單據核銷,主要用於建立收款與應收款的核銷記錄,加強往來款項的管理,同時核銷日期也是帳齡分析的重要依據。

2.轉帳處理

(1)應收衝應收,是指將一家客戶的應收款轉到另一家客戶中。通過將應收款業務在客戶之間轉入、轉出,實現應收業務的調整,解決應收款業務在不同客戶間入錯戶和合併戶等問題。

(2)預收衝應收,用於處理客戶的預收款和該客戶應收欠款的轉帳核銷業務。

(3)應收衝應付,是指用某客戶的應收款沖抵某供應商的應付款項。通過應收衝應付,將應收款業務在客戶和供應商之間進行轉帳,實現應收業務的調整,解決應收債權與應付債務的沖抵。

(二)票據管理

票據管理用來管理企業銷售商品、提供勞務收到的銀行承兌匯票或商業承兌匯票。對應收票據的處理主要是對應收票據進行新增、修改、刪除及收款、退票、背書、貼現等操作。

(三)壞帳處理

1.壞帳準備計提

壞帳準備計提是系統根據用戶在初始設置中選擇的壞帳準備計提方法,自動計算壞帳準備金額,並按用戶設置的壞帳準備科目,自動生成一張計提壞帳的記帳憑證。

2.壞帳發生

用戶選定壞帳單據並輸入壞帳發生的原因、金額後,系統將根據客戶單位、單據類型查找業務單據,對所選的單據進行壞帳處理,並自動生成一張壞帳損失的記帳憑證。

3.壞帳收回

壞帳收回是指已確認為壞帳的應收帳款又被收回。一般處理方法是當收回一筆壞帳時,先填製一張收款單,其金額即為收回壞帳的金額,然後根據客戶代碼查找並選擇相應的壞帳記錄,系統自動生成相應的壞帳收回記帳憑證。

(四)生成記帳憑證

應收管理模塊為每一種類型的收款業務編製相應的記帳憑證,並將憑證傳遞到帳務處理模塊。如圖 3-95 所示。

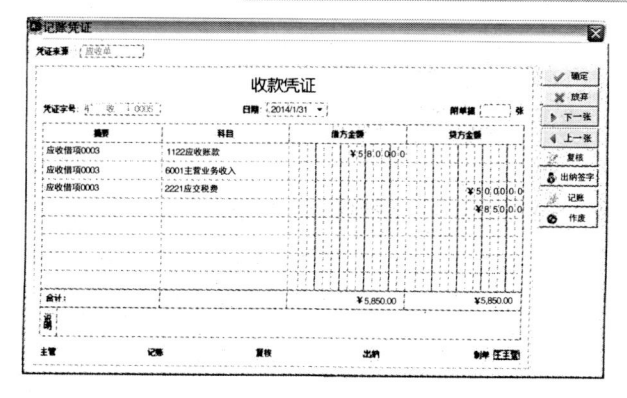

圖 3-95　生成記帳憑證

三、應收管理模塊期末處理

(一)期末結帳

當月業務全部處理完畢,在銷售管理模塊月末結帳的前提下,可執行應收管理模塊的月末結帳功能。

(二)應收帳款查詢

應收帳款查詢包括單據查詢和帳表查詢。單據查詢主要是對銷售發票和收款單等單據的查詢;帳表查詢主要是對往來總帳、往來明細帳、往來餘額表的查詢,以及總帳、明細帳、單據之間的聯查。

(三)應收帳齡分析

帳齡分析主要是用來對未核銷的往來帳餘額、帳齡進行分析,及時發現問題,加強對往來款項動態的監督管理。

[考題例證‧單選]　當月業務全部處理完畢,在(　　)模塊月末已結帳的前提下,可執行應收管理模塊的月末結帳功能。

　　A.帳務處理　　　B.採購管理　　　C.銷售管理　　　D.庫存管理

【答案】　C

[考題例證‧多選]　應收管理模塊的收款單據處理主要是對(　　)進行新增、修改、刪除等操作。

　　A.收款單　　　B.預收單　　　C.銷售發票　　　D.採購發票

【答案】　AB

[考題例證‧多選]　下列屬於應收管理模塊初始化工作的有(　　)。

　　A.控製參數的設置　　　　　B.基礎信息的設置

C.設置對應科目的結算方式　　　　D.應收單據的處理

【答案】　ABC

[考題例證·判斷]　應收款核銷是確定收款與採購發票、應收單據之間對應關係的操作。　　　　　　　　　　　　　　　　　　　　　　　　　（　　）

【答案】　×

[考題例證·實務操作]

(1)新增付款條件。

操作員：王主管；操作日期：2014∫31。

付款條件編碼：100 D；付款條件名稱：100天；到期日期（天）：100；優惠日：30；折扣率：3％；優惠日：60；折扣率：1％。

(2)錄入應收單並審核。

1月20日，銷售部宋明向玖幫公司銷售產品11 700元（其中包含增值稅1 700元），付款條件30 D。

填製應收單，操作員：王主管；操作日期：2014∫31。

審核應收單，操作員：李會計；操作日期：2014∫31。

(3)生成應收憑證。

根據上述應收單生成應收憑證。

[操作步驟提示]

(1)以王主管的身分，在「會計電算化軟件」窗口中，單擊「基礎編碼」|「付款條件」，打開「付款條件」窗口。如圖3-96所示。

(2)單擊「新增」，在「新增付款條件」窗口中輸入新增付款條件的編碼、名稱等信息。如圖3-97所示。

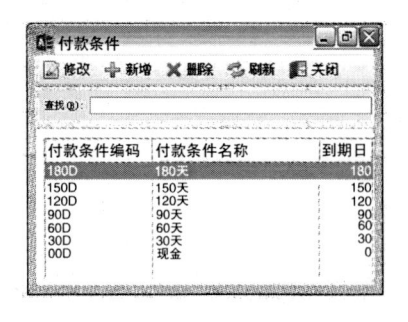

圖3-96　付款條件列表　　　　　　　　圖3-97　新增付款條件

(3)以王主管的身分,在「會計電算化軟件」窗口中,單擊「應收」|「應收借項」。打開「應收單」窗口。按要求輸入應收單內容。如圖3-98所示。

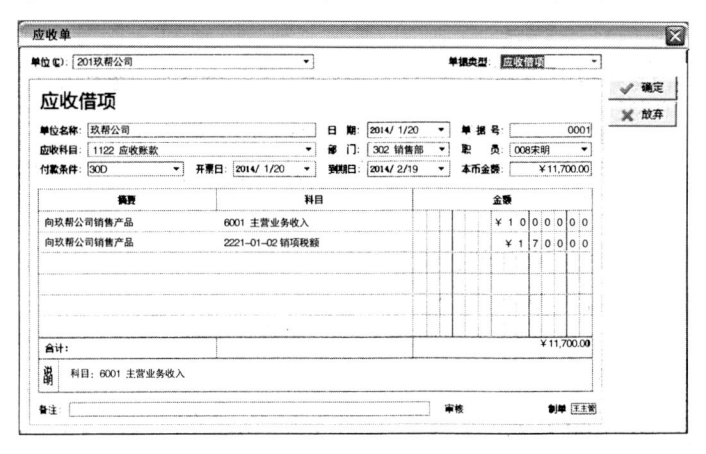

圖 3-98　新增應收款項

(4)以李會計的身分,在「會計電算化軟件」窗口中,單擊「應收」|「單據列表」,打開「應收單據列表」窗口。選中剛才填製的應收單,單擊「單據審核」並確認。如圖3-99所示。

圖 3-99　審核應收單

☞考點擊破:

(1)應收帳款是資產類科目,所以應收帳款的增加填寫應收借項,應收帳款的減少填寫應收貸項。

(2)應收單的製單人與審核人不能是同一人。

(5)以李會計的身分,在「會計電算化軟件」窗口中,單擊「應收」|「應收憑證」。打開「應收憑證—選擇單據」對話框。如圖3-100所示。

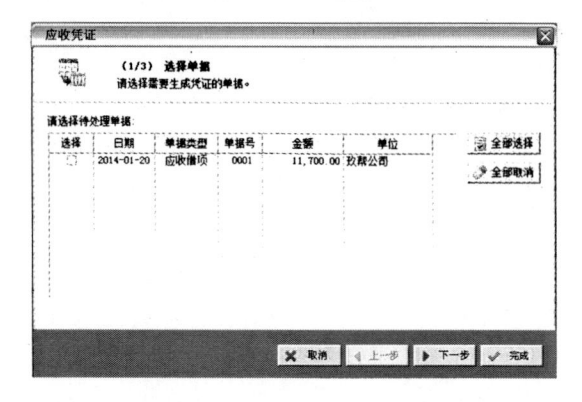

圖 3-100　應收憑證—選擇單據

(6)選中待處理單據,單擊「下一步」,打開「應收憑證—憑證設置」對話框。選擇憑證類型為「轉帳憑證」,輸入憑證摘要。如圖3-101所示。

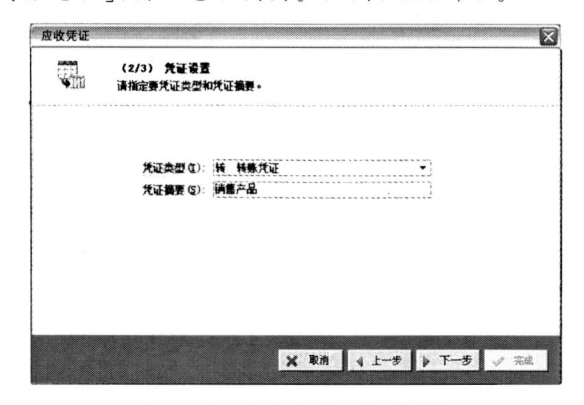

圖 3-101　應收憑證—憑證設置

(7)單擊「下一步」|「完成」|「是」,查看生成的應收憑證。如圖 3-102 所示。

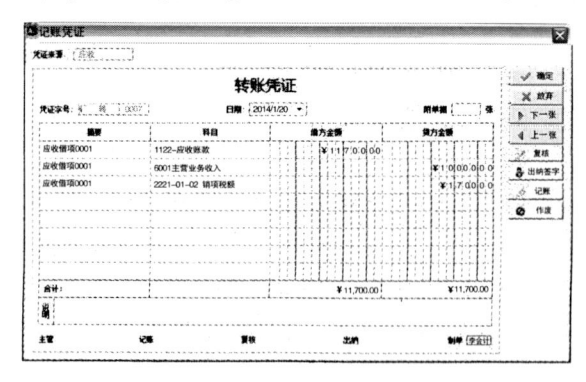

圖 3-102　生成應收憑證

第七節 應付管理模塊的應用

一、應付管理模塊初始化工作

(一)控製參數和基礎信息的設置

1.控製參數設置

(1)基本信息的設置,主要包括企業名稱、銀行帳號、啟用年份與會計期間設置。

(2)應付款核銷的設置。應付款核銷是確定付款與採購發票、應付單據之間對應關係的操作,即指明每一次付款所屬採購業務的款項。應付管理模塊一般提供按單據、按存貨等核銷方式。

(3)規則選項。應付管理模塊規則選項一般包括核銷是否自動生成憑證、預付衝應付是否生成轉帳憑證等。

2.基礎信息設置

(1)設置會計科目,是指定義應付管理模塊憑證製單所需的基本科目,如應付科目、預付科目、採購科目、稅金科目等。

(2)設置對應科目的結算方式,即設置對應科目的付款方式,主要包括現金、支票、匯票等。如圖 3-103 所示。

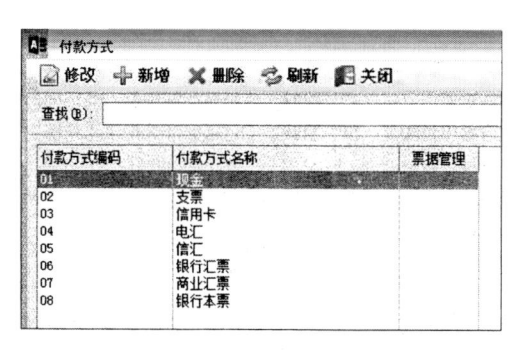

圖 3-103 設置結算方式對應科目

(3)設置帳齡區間,是指為進行應付帳款帳齡分析,根據欠款時間,將應付帳款劃分為若干等級,以便掌握對供應商的欠款時間長短。如圖 3-104 所示。

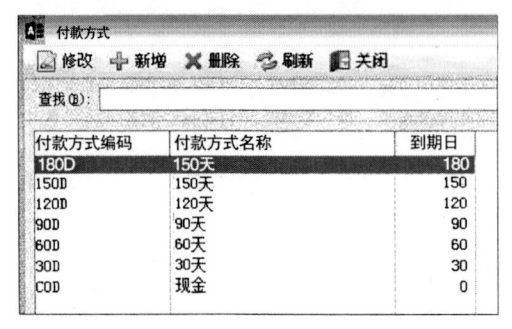

付款方式編碼	付款方式名稱	到期日
180D	150天	180
150D	150天	150
120D	120天	120
90D	90天	90
60D	60天	60
30D	30天	30
COD	現金	0

圖 3-104　設置帳齡區間

(二)期初餘額錄入

初次使用應付管理模塊時,要將系統啟用前未處理完的所有供應商的應付帳款、預付帳款、應付票據等數據錄入系統中,以便以後進行核銷處理。

當第二年度處理時,系統會自動將上年未處理完的單據轉為下一年的期初餘額。

二、應付管理模塊日常處理

(一)應付處理

1. 單據處理

(1)應付單據處理。企業的應付款來源於採購發票(包括專用發票、普通發票)和其他應付單。如果應付管理模塊與採購管理模塊同時使用,採購發票必須在採購管理模塊中填製,並在審核後自動傳遞給應付管理模塊,應付管理模塊中只需錄入未計入採購貨款和稅款的其他應付單數據(如代墊款項、運輸裝卸費、違約金等)。企業如果不使用採購管理模塊,則全部業務單據都必須在應付管理模塊中錄入。

應付管理模塊具有對採購發票與其他應付單的新增、修改、刪除、查詢、預覽、打印、製單、審核記帳以及其他處理功能。如圖3-105所示。

(2)付款單據處理。付款單據用來記錄企業支付給供應商的款項。付款單據處理主要包括對付款單和預付單進行新增、修改、刪除等操作。

(3)單據核銷,主要用於建立付款與應付款的核銷記錄,加強往來款項的管理,同時核銷日期也是帳齡分析的重要依據。

第三章　會計軟件的應用

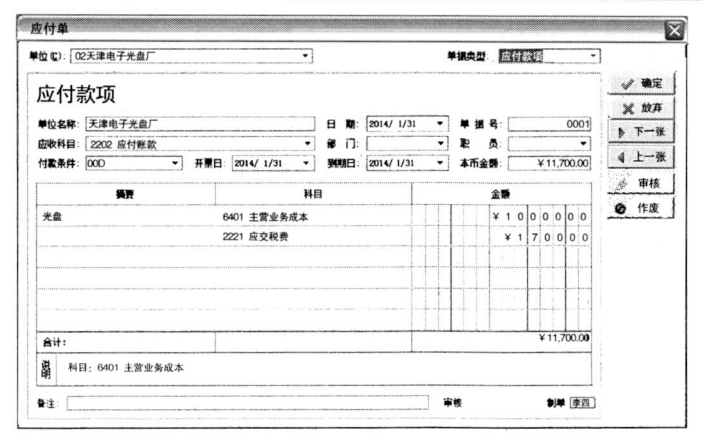

圖 3-105　填製應付單

2. 轉帳處理

(1)應付衝應付,是指將一家供應商的應付款轉到另一家供應商中。通過將應付款業務在供應商之間轉入、轉出,實現應付業務的調整,解決應付款業務在不同客商間入錯戶和合併戶等問題。

(2)預付衝應付,用於處理供應商的預付款和對該供應商應付欠款的轉帳核銷業務。

(3)應付衝應收,是指用某供應商的應付款,沖抵某客戶的應收款項。通過應付衝應收,將應付款業務在供應商和客戶之間進行轉帳,實現應付業務的調整,解決應付債務與應收債權的沖抵。

(二)票據管理

票據管理用來管理企業因採購商品、接受勞務等而付出的商業匯票,包括銀行承兌匯票和商業承兌匯票。對應付票據的處理主要是對應付票據進行新增、修改、刪除及付款、退票等操作。

(三)生成記帳憑證

應付管理模塊為每一種類型的付款業務編製相應的記帳憑證,並將記帳憑證傳遞到帳務處理模塊。

三、應付管理模塊期末處理

(一)期末結帳

當月業務全部處理完畢,在採購管理模塊月末結帳的前提下,可執行應付管理模塊的月末結帳功能。

(二)應付帳款查詢

應付帳款查詢包括單據查詢和帳表查詢。單據查詢主要是對採購發票和付款單等單據的查詢；帳表查詢主要是對往來總帳、往來明細帳、往來餘額表的查詢，以及總帳、明細帳、單據之間的聯查。

(三)應付帳齡分析

帳齡分析主要是用來對未核銷的往來帳餘額、帳齡進行分析，及時發現問題，加強對往來款項動態的監督管理。

[考題例證·單選] 應付管理模塊為每一種類型的付款業務編製相應的記帳憑證，並將憑證傳遞到( )模塊。

　　A.帳務處理　　　　　　　　B.採購管理
　　C.成本管理　　　　　　　　D.庫存管理

【答案】 A

[考題例證·多選] 應付管理模塊的付款單據處理主要包括對( )進行新增、修改、刪除等操作。

　　A.付款單　　　　　　　　　B.預付單
　　C.銷售發票　　　　　　　　D.採購發票

【答案】 AB

[考題例證·多選] 下列屬於應付管理模塊期末處理的有( )。

　　A.期末結帳　　　　　　　　B.應付帳款查詢
　　C.應付帳齡分析　　　　　　D.生成記帳憑證

【答案】 ABC

[考題例證·判斷] 企業如果不使用採購管理模塊，則全部業務單據都必須在應付管理模塊中錄入。( )

【答案】 √

[考題例證·實務操作]

(1)錄入應付單並審核。

1月25日，採購部江山向天宜公司購買商品23 400元(其中包含增值稅3 400元)已入庫，付款條件30 D。

　　填製應付單，操作員：王主管；操作日期：2014/1/31。
　　審核應付單，操作員：李會計；操作日期：2014/1/31。

(2)生成應付憑證。

根據上述應付單生成應付憑證。

[操作步驟提示]

(1)以王主管的身分,在「會計電算化軟件」窗口中,單擊「應付」|「應付貸項」,打開「應付單」窗口。按要求輸入應付單內容。如圖 3-106 所示。

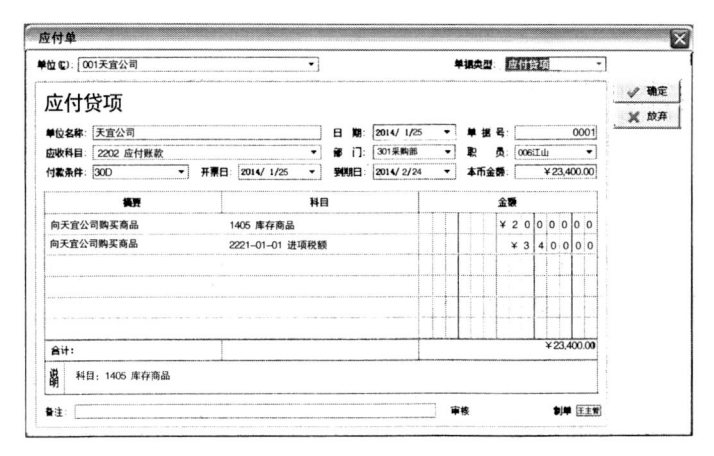

圖 3-106　新增應付貸項

(2)以李會計的身分,在「會計電算化軟件」窗口中,單擊「應付」|「單據列表」,打開「應付單據列表」窗口。選中剛才填製的應付單,單擊「單據審核」並確認。如圖 3-107 所示。

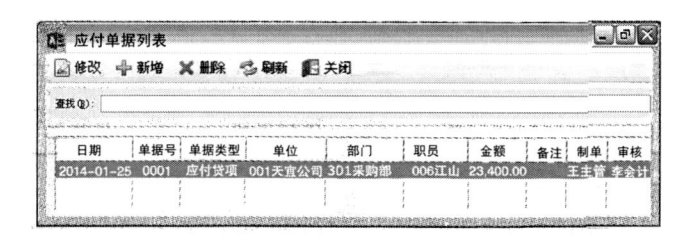

圖 3-107　審核應付單

☞考點擊破：

(1)應付帳款是負債類科目,所以應付帳款的增加填寫應付貸項,應付帳款的減少填寫應付借項。

(2)應付單的製單人與審核人不能是同一人。

(3)以李會計的身分,在「會計電算化軟件」窗口中,單擊「應付」|「應付憑證」,打開「應付憑證—選擇單據」對話框。如圖3-108所示。

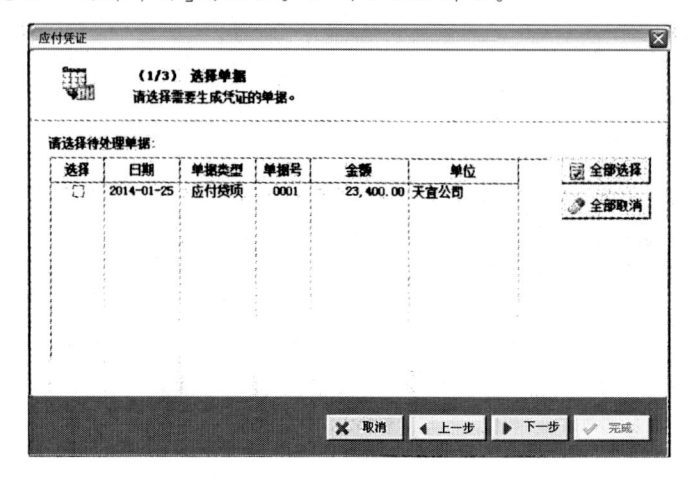

圖3-108　應付憑證—選擇單據

(4)選中待處理單據,單擊「下一步」,打開「應付憑證—憑證設置」對話框。選擇憑證類型為「轉帳憑證」,輸入憑證摘要。如圖3-109所示。

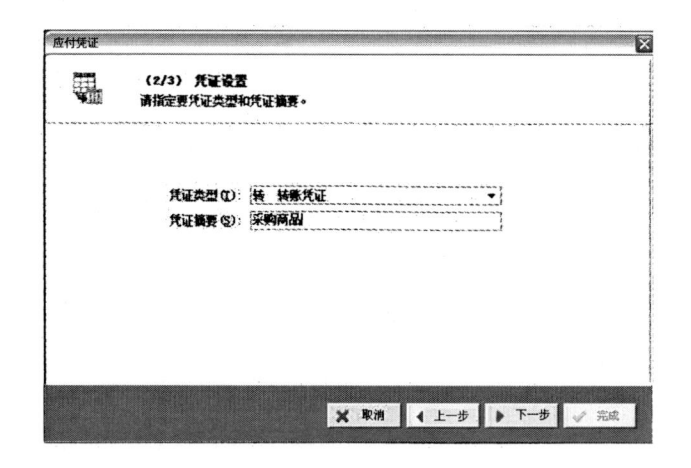

圖3-109　應付憑證—憑證設置

(5)單擊「下一步」|「完成」|「是」,查看生成的應付憑證。如圖3-110所示。

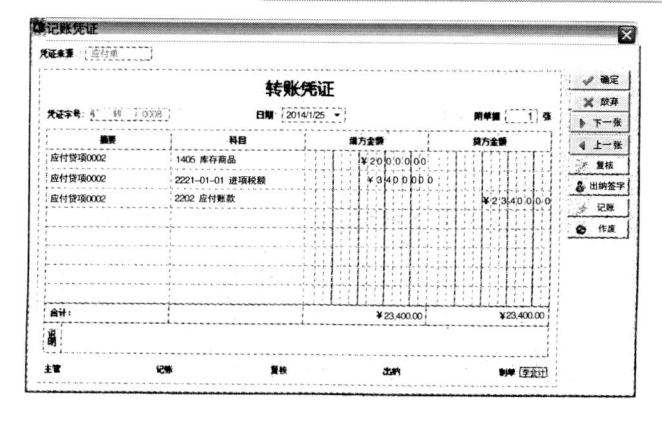

圖 3-110　生成應付憑證

第八節　報表管理模塊的應用

一、報表管理模塊提供的功能

報表管理模塊提供文件管理功能、格式設計功能、公式設計功能、數據處理功能、圖表功能。

二、報表數據來源

(一)手工錄入

報表中有些數據需要手工輸入，例如，資產負債表中「一年內到期的非流動資產」和「一年內到期的非流動負債」需要直接輸入數據。

(二)來源於報表管理模塊其他報表

會計報表中，某些數據可能取自某會計期間同一會計報表的數據，也可能取自某會計期間其他會計報表的數據。

(三)來源於系統內其他模塊

會計報表數據也可以來源於系統內的其他模塊，包括帳務處理模塊、固定資產管理模塊等。

三、報表管理模塊應用基本流程

(一)格式設置

報表格式設置的具體內容一般包括定義報表尺寸、定義報表行高和列寬、畫表格線、定義單元屬性、定義組合單元、設置關鍵字等。

127

1. 定義報表尺寸

定義報表尺寸是指設置報表的行數和列數。可事先根據要定義的報表大小,計算該表所需的行列,然後再進行設置。

2. 定義行高和列寬

設置行高、列寬應以能夠放下本表中最高數字和最寬數據為原則,否則在生成報表時,會產生數據溢出的錯誤。如圖 3-111 所示。

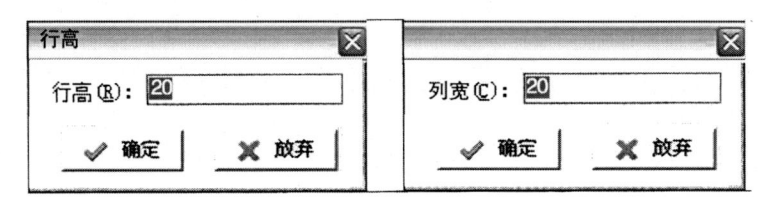

圖 3-111　設置行高列寬

3. 畫表格線

為了滿足查詢打印的需要,在報表尺寸設置完畢、報表輸出前,還需要在適當的位置上畫表格線。

4. 定義單元屬性

定義單元屬性包括設置單元類型及數據格式、數據類型、對齊方式、字形、字體、字號及顏色、邊框樣式等內容。如圖 3-112 所示。

圖 3-112　定義單元屬性

5.定義組合單元

把幾個單元作為一個單元來使用即為組合單元。所有針對單元的操作對組合單元同樣有效。

6.設置關鍵字

關鍵字主要有六種：單位名稱、單位編號、年、季、月、日，另外還可以自定義關鍵字。用戶可以根據自己的需要設置相應的關鍵字。

(二)公式設置

在報表中，由於各報表的數據間存在著密切的邏輯關係，所以報表中各數據的採集、運算需要使用不同的公式。報表中，主要有計算公式、審核公式和舍位平衡公式。

1.計算公式

計算公式是指對報表數據單元進行賦值的公式，是必須定義的公式。計算公式的作用是從帳簿、憑證、本表或他表等處調用、運算所需要的數據，並填入相關的單元格中。

2.審核公式

審核公式用於審核報表內或報表間的數據鈎稽關係是否正確。審核公式不是必須定義的。

審核公式由關係公式和提示信息組成。審核公式把報表中某一單元或某一區域與另外某一單元或某一區域或其他字符之間用邏輯運算符連接起來。

3.舍位平衡公式

舍位平衡公式用於報表數據進行進位或小數取整後調整數據，如將以「元」為單位的報表數據變成以「萬元」為單位的報表數據，表中的平衡關係仍然成立。舍位平衡公式不是必須定義的。

(三)數據生成

報表公式定義完成後，或者在報表公式未定義完需要查看報表數據時，將報表切換到顯示數據的狀態，就生成了報表的數據。

(四)報表文件的保存

對於新建的報表文件，用戶需要對其進行保存。

(五)報表文件的輸出

會計報表輸出是報表管理系統的重要功能之一。會計報表按輸出方式的不同,通常分為屏幕查詢輸出、圖形輸出、磁盤輸出、打印輸出和網絡傳送五種類型。

1. 屏幕查詢輸出

報表屏幕查詢輸出簡稱為查詢輸出,又稱屏幕輸出、屏幕顯示、顯示輸出,是最為常見的一種輸出方式。

2. 圖形輸出

根據報表的數據生成圖形時,系統會顯示與會計報表數據有關的圖形,便於分析會計報表。

3. 磁盤輸出

磁盤輸出一般是指將報表以文件的形式輸出到磁盤,以便上報下傳。

4. 打印輸出

打印輸出是指將編製出來的報表以紙介質的形式表現出來。

不同的會計報表,打印輸出的要求不同。除特殊情況外,庫存現金日記帳、銀行存款日記帳通常每日打印,資產負債表、利潤表等月報通常每月打印,現金流量表通常在中期期末和年末打印。

5. 網絡傳送

網絡傳送方式是通過計算機網絡將各種報表從一個工作站傳遞到另一個或幾個工作站的報表傳輸方式。

四、利用報表模板生成報表

報表管理模塊通常提供按行業設置的報表模板,為每個行業提供若干張標準的會計報表模板,以便用戶直接從中選擇合適的模板快速生成固定格式的會計報表。用戶不僅可以修改系統提供報表模板中的公式,而且可以生成、調用自行設計的報表模板。

用戶可以通過會計電算化報表系統新建報表文件、利用報表模板生成報表;設置單元格內容、格式、公式;最後保存報表文件。如圖 3-113 所示。

第三章 會計軟件的應用

圖 3-113　會計報表

［考題例證·單選］（　　）包括設置單元類型及數據格式、數據類型、對齊方式、字形、字體、字號及顏色、邊框樣式等內容。

　　A.定義單元屬性　　　　　　B.設置報表格式

　　C.定義報表尺寸　　　　　　D.設置關鍵字

【答案】　A

［考題例證·多選］會計報表按輸出方式的不同,通常分為(　　)等類型。

　　A.屏幕查詢輸出　　　　　　B.圖形輸出

　　C.磁盤輸出　　　　　　　　D.網絡傳送

【答案】　ABCD

［考題例證·多選］下列屬於報表數據來源的途徑有(　　)。

　　A.手工錄入　　　　　　　　B.來源於其他模塊

　　C.來源於其他帳套　　　　　D.來源於其他報表

【答案】　ABD

［考題例證·多選］下列有關報表管理模塊說法正確的有(　　)。

　　A.每個報表可以定義多個關鍵字

　　B.常用的關鍵字有「單位名稱」「單位編號」「年」「季」「月」「日」

C. 在設置關鍵字偏移時,負數表示左移,正數表示右移

D. 在設置關鍵字偏移時,負數表示右移,正數表示左移

【答案】 ABC

[考題例證·多選] 報表管理模塊中所使用的公式包括( )。

A. 計算公式　　B. 舍位平衡公式　　C. 審核公式　　D. 合計基本等式

【答案】 ABC

[考題例證·多選] 會計報表的輸出方式分為( )。

A. 屏幕查詢輸出　　B. 圖形輸出　　C. 磁盤輸出　　D. 打印輸出

【答案】 ABCD

[考題例證·判斷] 審核公式用於審核報表內或報表間的數據鉤稽關係是否正確。　　　　　　　　　　　　　　　　　　　　　　　　　　　　( )

【答案】 √

自 測 題

一、單項選擇題

1. 若憑證類別只設置一種,通常為( )。

   A. 記帳憑證　　B. 收款憑證　　C. 現金憑證　　D. 銀行憑證

2. 下列選項中,不屬於出納管理的功能的是( )。

   A. 查詢日記帳　　　　　　　B. 銀行對帳

   C. 管理支票登記簿　　　　　D. 憑證錄入

3. 計算機帳務處理系統中,記帳後的憑證發現錯誤應採用( )進行修改。

   A. 紅字衝銷或補充登記　　　B. 直接修改

   C. 重新編製正確的憑證　　　D. 刪除憑證

4. 下列說法正確的是( )。

   A. 增加會計科目時,應遵循自下而上的順序

   B. 增加的會計科目編碼必須遵循會計科目編碼方案

   C. 刪除會計科目時,應遵循自上而下的順序

   D. 已經使用的會計科目可以進行刪除

5. 憑證一旦保存,其( )不能修改。

   A. 製單日期　　B. 摘要　　C. 憑證編號　　D. 金額

6. 銀行對帳是企業( )最基本的工作之一。

　　A. 出納　　　　　B. 會計　　　　　C. 財務經理　　　D. 總會計師

7. 輔助核算要設置在( )會計科目上。

　　A. 一級　　　　　B. 二級　　　　　C. 總帳　　　　　D. 末級

8. 關於結帳操作,下列說法中,錯誤的是( )。

　　A. 結帳只能由有結帳權限的人員進行

　　B. 結帳後,不能輸入憑證

　　C. 本月還有未記帳憑證時,本月不能結帳

　　D. 結帳必須按月連續進行,上月未結帳,則本月不能結帳

9. 工資管理系統的初始化設置不包括( )。

　　A. 設置工資項目　　　　　　　　　B. 設置工資類別

　　C. 設置工資項目計算公式　　　　　D. 工資變動數據的錄入

10. 帳務處理系統與工資管理系統之間的數據應通過( )自動完成。

　　A. 自動轉帳憑證　　　　　　　　　B. 報表傳遞

　　C. 自動轉帳功能　　　　　　　　　D. 軟盤傳送

11. 在固定資產管理系統的卡片中,能夠唯一確定每項資產的數據項是( )。

　　A. 資產名稱　　　B. 資產編號　　　C. 類別編號　　　D. 規格型號

12. ( )是實現計算機自動處理報表數據的關鍵步驟。

　　A. 報表編製　　　　　　　　　　　B. 報表公式設置

　　C. 報表名稱登記　　　　　　　　　D. 報表格式設置

13. 對應收衝應收說法正確的是( )。

　　A. 解決應收款業務在不同客戶間入錯戶和合併戶等問題

　　B. 處理客戶的預收款和該客戶應收欠款的轉帳核銷業務

　　C. 實現應收業務的調整,解決應收債權與應付債務的沖抵

　　D. 解決應收款業務在不同供應商間入錯戶和合併戶等問題

14. ( )是設置特定模塊運行過程中所需要的參數、數據和本模塊的基礎信息,以保證模塊按照企業的要求正常運行。

　　A. 系統級初始化　　　　　　　　　B. 模塊級初始化

　　C. 業務級初始化　　　　　　　　　D. 企業級初始化

15. ( )用於定義該會計科目在帳簿打印時的默認打印格式。

　　A. 帳頁格式　　　B. 打印格式　　　C. 方向　　　　　D. 編碼

16. 自動轉帳生成是指在自動轉帳定義完成後,用戶每月月末只需要執行轉帳生成功能,即可快速生成轉帳憑證,並被保存到( )中。

  A. 未記帳憑證   B. 已記帳憑證   C. 數據庫   D. 轉帳文件

17. 固定資產管理模塊對於需要填製記帳憑證的業務能夠自動完成記帳憑證填製工作,並傳遞給( )模塊。

  A. 設備管理   B. 成本管理   C. 帳務處理   D. 資金管理

18. 設置( )是指為進行應收帳款帳齡分析,根據欠款時間,將應收帳款劃分為若干等級,以便掌握客戶欠款時間的長短。

  A. 帳齡區間   B. 壞帳處理方式

  C. 基本信息   D. 核銷方式

19. ( )可以把報表中某一單元或某一區域與另外某一單元或某一區域或其他字符之間用邏輯運算符連接起來。

  A. 計算公式   B. 審核公式

  C. 舍位平衡公式   D. 處理公式

二、多項選擇題

1. 當帳務處理錄入憑證過程中,在( )情況下,系統對當前編製的憑證不予認可。

  A. 某一行記錄只有借方金額

  B. 一行記錄中既有借方金額也有貸方金額

  C. 某一行記錄只有貸方金額

  D. 借方金額合計和貸方金額合計不相等

2. 下列關於期初餘額的描述中,正確的有( )。

  A. 所有科目都必須輸入期初餘額

  B. 紅字餘額應輸入負號

  C. 期初餘額試算不平衡,不能記帳,但可以填製憑證

  D. 如果已經記過帳,則還可修改期初餘額

3. 帳務處理系統中初始設置的主要內容包括( )。

  A. 帳套設置   B. 會計科目設置

  C. 各種初始數據的錄入   D. 憑證類別設置

4. 關於憑證修改,下列選項中,正確的敘述有( )。

  A. 未審核的機內憑證,可以直接修改

  B. 已記帳的憑證可採用紅字衝銷法進行更正

C. 已審核的憑證先取消審核再進行修改

D. 已記帳的憑證可採用補充憑證法進行更正

5. 會計科目的輔助核算包括(　　)。

　　A. 客戶核算　　B. 部門核算　　C. 職員核算　　D. 明細帳核算

6. 應收帳款系統初始化的主要工作包括(　　)。

　　A. 控製參數的設置

　　B. 設置帳齡區間

　　C. 初始單據的錄入

　　D. 定義應收管理模塊憑證製單所需的基本科目

7. 在固定資產管理系統中,對計提折舊有影響的數據項有(　　)。

　　A. 資產原值　　B. 折舊方法　　C. 使用狀態　　D. 增加方式

8. 下列各項中,屬於固定資產核算模塊的日常處理的有(　　)。

　　A. 固定資產增加　　　　　　B. 原始卡片錄入

　　C. 價值信息變更　　　　　　D. 對帳

9. 應付管理模塊中的轉帳處理包括(　　)。

　　A. 應付衝應付　　B. 預付衝應付　　C. 應付衝應收　　D. 預收衝應付

10. 系統初始化的內容包括(　　)。

　　A. 系統級初始化　　　　　　B. 業務級初始化

　　C. 模塊級初始化　　　　　　D. 企業級初始化

11. 下列各項中,屬於日常處理的特點有(　　)。

　　A. 業務頻繁發生,需要輸入的數據量大

　　B. 在每個會計期間內重複發生,所涉及金額不盡相同

　　C. 業務頻繁發生,需要輸入的數據量小

　　D. 在每個會計期間內重複發生,所涉及金額基本相同

12. 下列各項中,屬於數據備份的有(　　)。

　　A. 磁盤備份　　B. 存儲器備份　　C. 帳套備份　　D. 年度帳備份

13. 在帳務處理模塊中,常見的參數設置包括(　　)。

　　A. 憑證編號方式

　　B. 是否允許操作人員修改他人憑證

　　C. 憑證是否必須輸入結算方式和結算號

　　D. 出納憑證是否必須經過出納簽字

14. 下列屬於憑證審核的操作控制有（　　　）。

　　A. 審核人員和製單人員不能是同一人

　　B. 修改已審核而未記帳的憑證

　　C. 已經通過審核的憑證不能被修改或者刪除

　　D. 審核未通過的憑證必須進行修改

15. 在系統中事先進行自動轉帳定義，設置的內容一般包括（　　　）。

　　A. 發生額計算公式　　　　　　B. 憑證類別

　　C. 摘要　　　　　　　　　　　D. 發生會計科目

16. 帳務處理模塊的對帳主要包括（　　　）的核對。

　　A. 總帳和報表　　　　　　　　B. 總帳和輔助帳

　　C. 明細帳和輔助帳　　　　　　D. 總帳和明細帳

17. 應收管理模塊提供的核銷方式有（　　　）。

　　A. 按單據　　　B. 按存貨　　　C. 按編碼　　　D. 按類別

18. 報表管理模塊應用基本流程包括（　　　）。

　　A. 格式設置　　　　　　　　　B. 公式設置

　　C. 數據生成　　　　　　　　　D. 報表文件的保存

三、判斷題

1. 會計核算軟件的數據處理功能應當具有自動進行銀行對帳並自動生成「銀行存款餘額調節表」的功能。（　　）

2. 銀行對帳後，自動生成「銀行存款餘額調節表」。（　　）

3. 結帳工作由計算機自動進行數據處理，每月可多次進行。（　　）

4. 輸入客戶檔案時，不用選擇客戶分類，可直接輸入客戶檔案。（　　）

5. 輸入期初餘額時，上級科目的餘額和累計發生數據需要手工輸入。（　　）

6. 刪除會計科目時，應先刪除上一級科目，然後再刪除本級科目。（　　）

7. 指定會計科目就是指定出納專管的科目。指定科目後，才能執行出納簽字，也才能查看庫存現金日記帳或銀行存款日記帳。（　　）

8. 並不是所有科目都需要進行外幣核算、數量核算設置。（　　）

9. 工資管理系統在月末結帳時，會自動將每月發生變化的工資項目清零。（　　）

10. 在工資管理系統中，應先設置工資計算公式，再進行工資項目設置。（　　）

11. 固定資產原值變動不需製作記帳憑證傳遞到總帳系統。（　　）

12. 財務報表的數據只來源於總帳系統，並且取數要通過函數實現。（　　）

13. 應收帳款管理系統通常包含了按一定條件計提壞帳準備的功能。（ ）

14. 工資管理系統主要與總帳系統和成本核算管理系統存在數據傳遞關係。
（ ）

15. 系統級初始化是設置會計軟件所公用的數據、參數和系統公用基礎信息。
（ ）

16. 在同一會計軟件中只可以建立一個帳套。（ ）

17. 用戶可以按照企業的需求選擇或自定義憑證類別。（ ）

18. 用戶可以增加二級科目並選擇會計科目所屬類型。（ ）

19. 在帳務處理模塊中一般只需要對末級科目錄入期初餘額，系統會根據下級會計科目自動匯總生成上級會計科目的期初餘額。（ ）

20. 對未審核的憑證或審核標錯的憑證，可以由填製人直接進行修改並保存。
（ ）

21. 帳務處理模塊中，可以查詢和輸出包含未記帳憑證在內的最新發生額、期初餘額及期末餘額。（ ）

22. 用戶應該將所有未記帳憑證審核記帳後，再進行期間損益結轉。（ ）

23. 固定資產編碼記錄每項固定資產的詳細信息。（ ）

24. 用戶在固定資產管理模塊中完成本月全部業務和生成記帳憑證並對帳正確後，可以進行月末結帳。（ ）

25. 工資管理模塊提供個人所得稅自動計算功能，但用戶不能定義最新的個人所得稅稅率表。（ ）

26. 應收管理模塊單據核銷主要用於建立收款與應收款的核銷記錄，加強往來款項的管理。（ ）

27. 應收衝應收是指將一家客戶的應收款轉到另一家客戶中。（ ）

28. 如果應付管理模塊與銷售管理模塊同時使用，採購發票必須在銷售管理模塊中填製。（ ）

29. 報表管理模塊中的審核公式也是必須定義的。（ ）

30. 舍位平衡公式用於報表數據進行進位或小數取整後調整數據。（ ）

四、實務操作題

1. 創建帳套並設置相關信息。

帳套號：201401

帳套名稱：泰華公司

公司名稱：泰華有限公司

記帳本位幣:人民幣

啟用會計期間:2014年1月

2.管理用戶並設置權限。

王林,密碼:111,該用戶擁有帳務處理和報表管理的權限。

3.設置企業部門檔案。

(1)代碼:01;名稱:財務部。

(2)代碼:02;名稱:生產車間。

4.設置職員信息。

(1)代碼:01;姓名:張偉;職員類別:正式工;部門:財務部。

(2)代碼:02;姓名:李明;職員類別:臨時工;部門:財務部。

5.設置往來單位信息。

(1)客戶,代碼:001;名稱:B公司。

(2)供應商,代碼:001;名稱:A公司。

6.設置收付結算方式。

增加01「支票」結算方式。

7.設置憑證類別。

名稱:收款憑證,借方必有「庫存現金」或「銀行存款」。

8.設置會計科目。

修改會計科目:「應付帳款」科目設置為「供應商」輔助核算;增加會計科目:1403-01 A材料;數量金額核算,計量單位:千克;計量單位組:重量。

9.設置外幣。

代碼:GBP;幣別名稱:英鎊;記帳匯率:10.49;折算方式:原幣×匯率=本位幣;小數位:2;浮動匯率。

10.錄入會計科目初始數據。

1403-01 A材料,年初數量500千克,年初餘額人民幣100 000元。

11.憑證錄入。

2014年1月16日,從建設銀行提現1 000元。

借:庫存現金　　　　　　　　　　　　　　　　　　　　　　　1 000

　　貸:銀行存款——建設銀行　　　　　　　　　　　　　　　1 000

12.憑證修改。

2014年1月16日,從建設銀行實際提現10 000元,修改上述憑證。

13.憑證審核。

審核2014年1月的記03號憑證。

14. 憑證記帳。

對 2014 年 1 月所有未記帳憑證進行記帳。

15. 出納管理。

出納對 2014 年 1 月的收 01 號憑證簽字。

16. 帳簿查詢。

查詢「庫存商品」總帳。

17. 自動轉帳。

編製「製造費用」結轉「生產成本」的自動轉帳憑證,並執行轉帳生成憑證。

18. 月末結帳。

對 2014 年 1 月業務結帳。

19. 設置固定資產類別。

代碼:001

名稱:工程設備

使用年限:10 年

淨殘值率:5%

預設折舊方法:平均年限法

20. 設置固定資產增減方式。

變動方式編碼:01

變動方式名稱:購入

對應科目:1002-02 銀行存款——建設銀行

憑證字:記

21. 錄入固定資產原始卡片。

資產類別:交通工具

資產編碼:JT001

資產名稱:商務車

入帳日期:2014.01.01

使用狀況:正常使用

變動方式:購入

使用部門:銷售部

折舊費用科目:銷售費用——折舊費

幣別:人民幣

原幣金額:300 000 元

開始使用日期:2011.1.31

預計使用期間:35

折舊方法:平均年限法

22.固定資產增加。

資產類別:辦公設備

資產編碼:BG001

資產名稱:複印機

使用狀況:正常使用

變動方式:購入

使用部門:財務部

折舊費用科目:管理費用——折舊費

幣別:人民幣

原幣金額:10 000 元

開始使用日期:2014.1.8

預計使用期間:36

折舊方法:平均年限法

23.固定資產減少。

將固定資產卡片中編碼為 SC001 的 1 臺車床報廢。

清理日期:2014.1.30

清理數量:1

清理費用:1 000 元

殘值收入:10 000 元

變動方式:報廢

24.固定資產變動。

將固定資產卡片中編碼為 BG005 的固定資產卡片原幣金額由 2 000 元調整為 3 000 元,變動方式選擇「其他增加」,其他信息保持不變。

25.固定資產生成記帳憑證。

固定資產增加憑證生成:對購入的資產編碼為 BG001 的固定資產生成記帳憑證。

26.固定資產計提折舊。

計提本月固定資產折舊,並生成會計憑證(憑證字為「轉」字,摘要為「結轉折舊費用」)。

27.設置工資項目。

項目名稱	數據類型	數據長度	小數位數
加班工資	貨幣	15	0

28.設置工資項目計算公式。

福利費＝基本工資＊0.14

應發合計＝基本工資＋福利費＋獎金

29.錄入工資基礎數據。

部門	職員	基本工資	獎金
銷售部	李明	3 500	500

30.工資計算。

完成正式員工的工資計算。

31.工資表的查詢輸出。

查詢正式員工 2014 年 1 月的工資發放表。

32.應收管理收款單據處理。

編製收款單據：2014 年 1 月 26 日，收到 B 公司前欠應收款 3 000 元存入建設銀行，銀行結算方式，支票。

33.應收管理生成記帳憑證。

上述收款單據 01 號生成憑證。

34.應付管理付款單據處理。

編製付款單據：2014 年 1 月 31 日，建設銀行支付 A 公司貨款 10 000 元，銀行結算方式，支票。

35.應付管理生成記帳憑證。

上述付款單據 01 號生成憑證。

36.新建報表文件。

新建空白報表，設置報表名為「應收帳款明細表」，設置表頁標示為「應收帳款明細表 1」，並保存報表。

37.報表格式設置。

將損益表的 B20 和 B21 進行單元格合併，輸入數據「合計」，文本居中。

38.報表公式設置。

打開系統中「樣表」，在 B14 定義一個求和公式，將 B3 至 B13 單元格中的數據求和。

打開系統中的「利潤表」在 B2 定義一個「主營業務收入」科目的貸方發生額取數公式。

第四章　電子表格軟件在會計中的應用

本章導讀

(1)本章主要介紹了電子表格軟件在會計軟件中的應用，包括 Excel 的入門知識、工作表的操作、公式與函數的應用、工作簿的管理和數據的管理等。

(2)本章內容在無紙化考試中主要以客觀題形式出現。

結構導航

電子表格軟件在會計中的應用
- 第一節　電子表格軟件概述
  - 一、常用的電子表格軟件
  - 二、電子表格軟件的主要功能
  - 三、Excel 軟件的啟動與退出
  - 四、Excel 軟件的用戶界面
  - 五、Excel 文件的管理
- 第二節　數據的輸入與編輯
  - 一、數據的輸入
  - 二、數據的編輯
    - 1. 數據的複製和剪切
    - 2. 數據的查找和替換
  - 三、數據的保護
- 第三節　公式與函數的應用
  - 一、公式的應用
  - 二、單元格的引用
  - 三、函數的應用
    - 1. 常用函數
    - 2. 基本財務函數
- 第四節　數據清單及其管理分析
  - 一、數據清單的構建
  - 二、記錄單的使用
  - 三、數據的管理與分析

第一節　電子表格軟件概述

一、常用的電子表格軟件

電子表格，又稱電子數據表，是指由特定軟件製作而成的，用於模擬紙上計算的由橫豎線條交叉組成的表格。

Windows 操作系統下常用的電子表格軟件主要有微軟的 Excel、金山 WPS 電子表格等；Mac 操作系統下則有蘋果的 Numbers，該軟件同時可用於 iPad 等手持設備。此外，還有專業電子表格軟件如 Lotus Notes、第三方電子表格軟件如 Formula One 等。

微軟的 Excel 軟件（以下簡稱「Excel」）是美國微軟公司研製的辦公自動化軟件 Office 的重要組成部分，目前已經廣泛應用於會計、統計、金融、財經、管理等眾多領域。考慮到其操作簡單直觀、應用範圍廣泛、用戶眾多且與其他電子表格軟件具有很好的兼容性，本教材默認情況下以 Excel 軟件為主。

Excel 2003、Excel 2013 默認的用戶界面如圖 4-1、圖 4-2 所示。

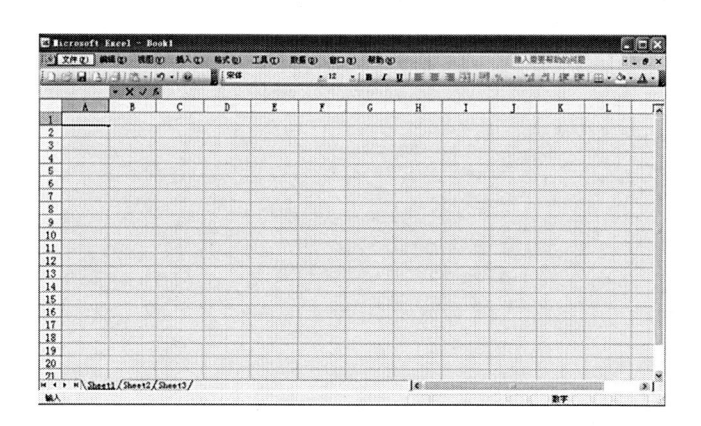

圖 4-1　**Excel 2003 默認的用戶界面**

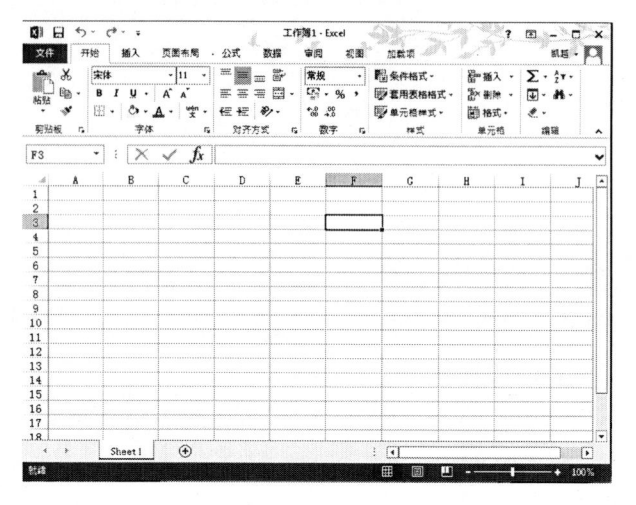

圖 4-2　Excel 2013 默認的用戶界面

二、電子表格軟件的主要功能

電子表格軟件的主要功能有：①建立工作簿；②管理數據；③實現數據網上共享；④製作圖表；⑤開發應用系統。

(一)建立工作簿

Excel 軟件啓動後，即可按照要求建立一個空白的工作簿文件，每個工作簿中含有一張或多張空白的表格。這些在屏幕上顯示出來的默認由灰色橫豎線條交叉組成的表格被稱為工作表，又稱「電子表格」。工作簿如同活頁夾，工作表如同其中的一張張活頁紙，且各張工作表之間的內容相對獨立。工作表是 Excel 存儲和處理數據的最重要的部分，也稱電子表格。每張工作表由若干行和列組成，行和列交叉形成單元格。單元格是工作表的最小組成單位，單個數據的輸入和修改都在單元格中進行，每一單元格最多可容納 32 767 個字符。

在 Excel 2003 中，每個工作簿默認含有 3 張工作表，每張工作表由 65 536 行和 256 列組成；在 Excel 2013 中，每個工作簿默認含有 1 張工作表，該工作表由 1 048 576 行和 16 384 列組成。默認的工作表不夠用時，可以根據需要予以適當添加。每個工作簿含有工作表的張數受到計算機內存大小的限制。

(二)管理數據

用戶通過 Excel 不僅可以直接在工作表的相關單元格中輸入、存儲數據，編製銷量統計表、科目匯總表、試算平衡表、資產負債表、利潤表以及大多數數據處理業務所需的表格，而且可以利用計算機，自動、快速地對工作表中的數據進行檢索、排序、篩選、分類、匯總等操作，還可以運用運算公式和內置函數，對數據進行複雜的

運算和分析。

(三)實現數據網上共享

通過 Excel,用戶可以創建超級連結,獲取局域網或互聯網上的共享數據,也可將自己的工作簿設置成共享文件,保存在互聯網的共享網站中,讓世界上任何位置的互聯網用戶共享工作簿文件。

(四)製作圖表

Excel 提供了散點圖、柱形圖、餅圖、條形圖、面積圖、折線圖、氣泡圖、三維圖等 14 類 100 多種基本圖表。Excel 不僅能夠利用圖表向導方便、靈活地製作圖表,而且可以很容易地將同一組數據改變成不同類型的圖表,以便直觀地展示數據之間的複雜關係;不僅能夠任意編輯圖表中的標題、坐標軸、網絡線、圖例、數據標志、背景等各種對象,而且可以在圖表中添加文字、圖形、圖像和聲音等,使精心設計的圖表更具說服力。

(五)開發應用系統

Excel 自帶 VBA 宏語言,用戶可以根據這些宏語言,自行編寫和開發一些滿足自身管理需要的應用系統,有效運用和擴大 Excel 的功能。

三、Excel 軟件的啓動與退出

(一)Excel 軟件的啓動

通常可以採用下列方法啓動 Excel 軟件:

1.點擊「開始」菜單中列示的 Excel 快捷命令

單擊桌面左下角的「開始」菜單(或敲擊鍵盤上的微軟徽標鍵),進入「所有程序」,打開「Microsoft Office」菜單(菜單名稱因安裝的版本可能不盡相同,此處以 Excel 2003 為例,下同),從中選定菜單命令「Microsoft Office Excel 2003」,即可啓動 Excel 軟件,同時建立一個新的文檔,該文檔在 Excel 軟件中被默認為工作簿。啓動 Excel 後建立的第一個空白工作簿的缺省名和擴展名,在 Excel 2003 中分別默認為「Book1」和「.xls」(在 Excel 2013 中則分別為「工作簿 1」和「.xlsx」),但也可以另存為其他名字和類型的文件。

2.點擊桌面或任務欄中 Excel 的快捷方式圖標

直接點擊(單擊或雙擊)位於桌面的 Excel 快捷方式圖標,可以快速啓動 Excel,同時建立一個新的空白工作簿。

這種方法的前提是桌面或任務欄中已經創建 Excel 快捷方式圖標。

3.通過「運行」對話框啓動 Excel 軟件

同時敲擊鍵盤上的微軟徽標鍵和「R」鍵(或單擊「開始」菜單,點擊其中的菜單命令「運行」),打開「運行」對話框,點擊「瀏覽」按鈕(如圖 4-3 所示),進入安裝 Excel 軟件的文件夾,選中「Excel.exe」文件,點擊「打開」按鈕後點擊「確定」按鈕(或敲擊「Enter」鍵)。操作完成後,Excel 啓動,同時建立一個新的空白工作簿。

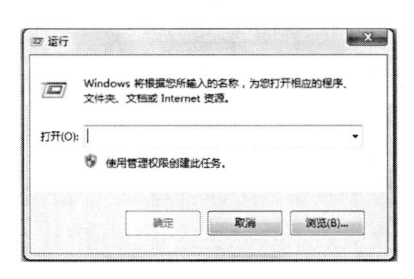

圖 4-3 「運行」對話框

4.打開現成的 Excel 文件

直接點擊(單擊或雙擊)現成的 Excel 文件(或選定 Excel 文件,單擊鼠標右鍵,在彈出的快捷菜單中選擇「打開」選項),通過打開該文件來啓動 Excel 軟件。

(二)Excel 軟件的退出

通常可以採用下列方法退出 Excel 軟件:

1.點擊標題欄最右邊的關閉按鈕

如果當前只有一個工作簿在運行,無論光標位於工作簿何處,點擊標題欄最右邊的關閉按鈕「✕」後,Excel 軟件將被退出。如果退出前有編輯的內容未被保存,將出現提示是否保存的對話框。

如果當前有多個工作簿文件在運行,點擊標題欄最右邊的關閉按鈕「✕」後,光標所在的文件被關閉,其他處於打開狀態的 Excel 文件仍在運行,Excel 軟件並未退出。只有重複點擊該按鈕,直至這些文件均被關閉後,Excel 軟件才能退出。

2.點擊「關閉窗口」或「關閉所有窗口」命令

右鍵單擊任務欄中的 Excel 圖標,打開菜單選項,點擊「關閉窗口」(當前處於打開狀態的文件只有 1 個)或「關閉所有窗口」(當前處於打開狀態的文件為多個,如圖 4-4 所示)命令即可退出 Excel 文件。如果退出前有編輯的內容未被保存,將出現提示是否保存的對話框。文件被關閉後,Excel 軟件也隨之退出。

圖 4-4　關閉文件對話框

3. 按擊快捷鍵「Alt＋F4」

如果當前只有一個工作簿在運行，無論光標位於工作簿何處，按擊「Alt＋F4」鍵後，Excel 軟件將被退出。如果退出前有編輯的内容未被保存，將出現提示是否保存的對話框。

如果當前有多個工作簿文件在運行，按擊「Alt＋F4」鍵後，光標所在的文件被關閉，其他處於打開狀態的 Excel 文件仍在運行，Excel 軟件並未退出。

四、Excel 軟件的用戶界面

Excel 軟件啟動後，通常會建立一個新的空白工作簿或者打開一個現有的工作簿，並在屏幕上呈現一個最大化的工作簿窗口（簡稱「窗口」）。這一窗口是用戶操作 Excel 軟件的重要平臺，被稱為默認的用戶界面。

Excel 軟件的默認用戶界面因版本不同而有所區別。其中，Excel 2003 及以下版本的默認用戶界面基本相同，由標題欄、菜單欄、工具欄、編輯區、工作表區、狀態欄和任務窗格等要素組成（見圖 4-5）；Excel 2007 及以上版本的默認用戶界面基本相同，主要由功能區、編輯區、工作表區和狀態欄等要素組成。

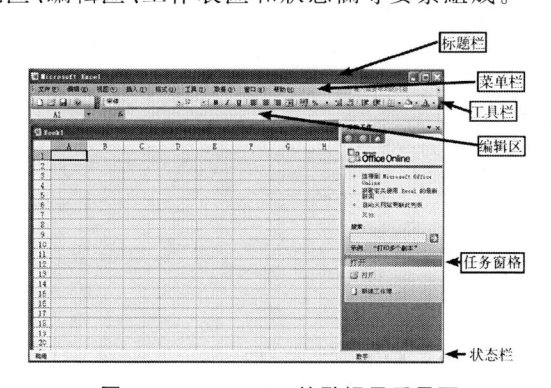

圖 4-5　**Excel 2003 的默認用戶界面**

(一)標題欄

標題欄位於窗口的最上方，依次列示 Excel 軟件的圖標、文檔的標題和控製 Excel 窗口的按鈕(見圖 4-6)。

圖 4-6　Excel 2003 標題欄

標題欄的右端列示控製 Excel 窗口的按鈕，從左向右依次為最小化按鈕、最大化按鈕、關閉按鈕。這些按鈕統稱為控製按鈕，用來控製工作簿窗口的狀態。在 Excel 2013 標題欄中，還有控製功能區顯示的選項按鈕(即「功能區顯示按鈕」)和快速訪問工具欄，分別位於最小化按鈕的左邊和 Excel 軟件圖標的右邊。

(二)菜單欄

Excel 2003 的菜單欄默認位於標題欄的下方，但可移動到窗口的其他適當位置，包含「文件」「編輯」「視圖」「插入」「格式」「工具」「數據」「窗口」和「幫助」9 個默認的菜單項，包括 Excel 的全部操作命令，每一菜單項分別含有對工作表進行操作的一組功能相關的命令選項(見圖 4-7)。命令後面帶有「…」的，表示選擇了這一命令後將打開該命令的對話框；命令後面帶有「▶」的，表示該選項後面帶有一個子菜單。

圖 4-7　Excel 2003 選單欄

在菜單欄中增加菜單項的具體步驟：單擊「工具」菜單項，選定「自定義」命令打開「自定義」對話框後，切換到「命令」選項卡，在左邊「類別」框中選定「新菜單」(如圖 4-8)，用鼠標將右邊「命令」框中的「新菜單」拖放到菜單欄，此時菜單欄中生成「新菜單」項，右擊可重新命名「新菜單」項；在「命令」選項卡左邊「類別」框中選定「宏」，然後把右邊「命令」框中的「自定義菜單項」拖放到新增加的菜單項的下拉菜單位置上，此時在新菜單項下生成下拉菜單「自定義菜單項」，右擊可重新命名下拉「自定義菜單項」，若選擇「圖符與文字」，還可以添加按鈕圖符；在新建菜單項的下拉菜單中右擊鼠標，在下拉菜單中左擊「指定宏」，然後在對話框中單擊相應的宏名，再選擇「確定」，則設計完成。以後只要單擊所建新菜單下的下拉菜單名，就可調用相應的宏。

圖 4-8　Excel 2003 自定義對話框

(三)工具欄

　　工具欄默認位於菜單欄的下方,但可移動到窗口的其他適當位置,它由一系列與菜單選項命令具有相同功能的按鈕組成。每個按鈕代表一個命令,能更加快捷地完成相應的操作。

　　用戶不僅可以自行設定工具欄的顯示、隱藏及其在窗口中的位置,而且可以自行設定工具欄中的按鈕及其在工具欄中的位置。

　　Excel 2003 默認顯示「常用工具欄」和「格式工具欄」兩個工具欄,但用戶還可以根據實際需要,顯示或隱藏適用於特定功能的其他工具欄。隱藏或顯示工具欄的兩種常用方法:①在工具欄或菜單欄任意位置單擊鼠標右鍵,打開工具欄列表,從中選定或取消相應的工具欄;②在菜單欄單擊「視圖」菜單,在打開的命令列表中指向「工具欄」選項,打開的「工具欄」列表(如圖 4-9 所示),從中選定或取消相應的工具欄名稱,即可顯示或隱藏相應的工具欄。

圖 4-9　Excel 2003 工具欄

(四)編輯區

編輯區默認位於工具欄的下方,由名稱框、取消輸入按鈕、確認輸入按鈕、插入函數按鈕和編輯欄構成,用來顯示當前單元格的名字和當前單元格的內容、取消或確認本次輸入的數據或公式。如圖 4-10 所示。

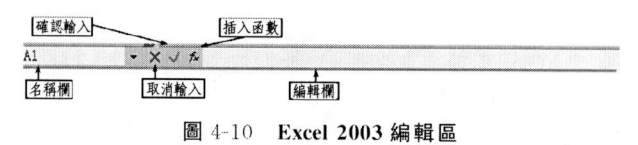

圖 4-10　Excel 2003 編輯區

(五)工作表區

工作表區默認位於編輯區的下方,是 Excel 文件用於存儲和處理數據的專門區域,由工作表、工作表標籤、標籤滾動按鈕、滾動條和滾動條按鈕、列和列號、行和行號、全選按鈕、單元格等要素組成。如圖 4-11 所示。

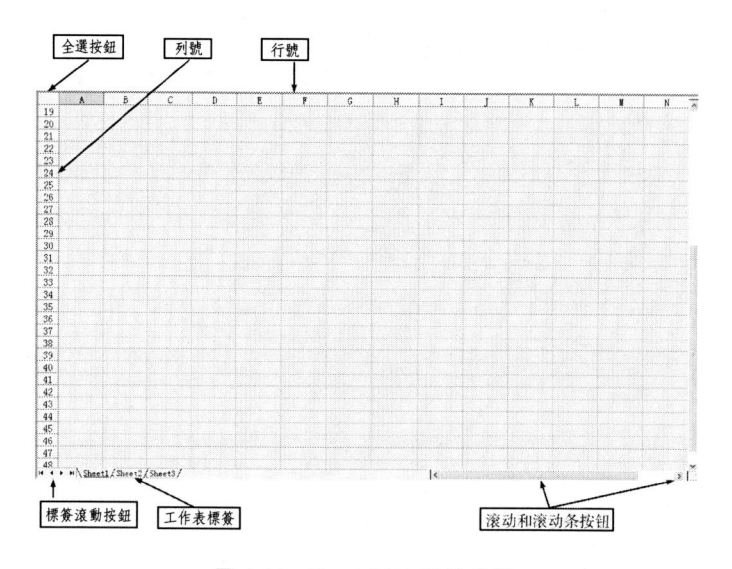

圖 4-11　Excel 2003 工作表區

1. 工作表

工作表,也稱「電子表格」,是窗口中默認以灰色橫豎線條交叉組成的表格。一個新工作簿默認由一張或多張工作表構成(如 Excel 2013 默認為 1 張,Excel 2003 默認為 3 張)。新工作簿內默認工作表的張數可以自定義。在 Excel 2003 中,通過選擇「工具」菜單的「選項」命令,在「選項」對話框中選取「常規」選項卡,在「新工作

簿內的工作表張數」右邊的選擇框中輸入目標張數（如圖 4-12 所示）；Excel 2013 中，可以通過選擇「文件」菜單的「選項」命令等方式進入「Excel 選項」對話框，選定「常規」選項卡，在「新建工作簿」區域的「包含的工作表數」右邊的選擇框中輸入目標張數。

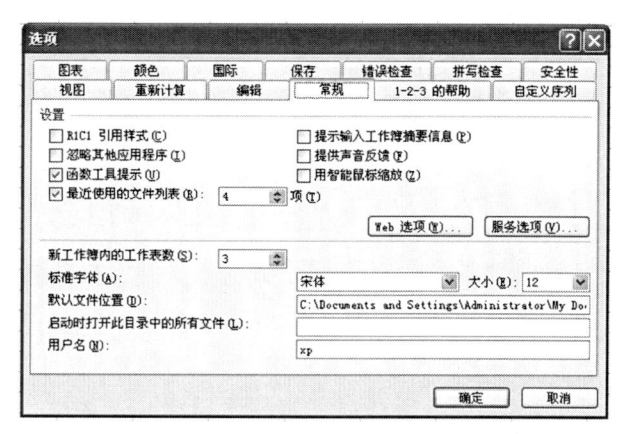

圖 4-12　Excel 2003「選項」對話框「常規」選項卡

在 Excel 2003 中，在活動工作簿中添加一張新空白工作表的常用方法：①鼠標左鍵單擊窗口底部處於該位置右邊的工作表標籤，單擊「插入」菜單，從中選定「工作表」命令（如圖 4-13 所示），即可新建工作表；②鼠標右鍵單擊窗口底部處於目標位置右邊的工作表標籤，彈出快捷菜單，單擊「插入」菜單命令打開「插入」對話框，單擊「工作表」圖標，單擊「確定」按鈕後，即可在目標位置新建一張工作表。這兩種方法同樣適用於 Excel 2013，但 Excel 2013 中還可以通過單擊「新工作表」按鈕，在活動工作表的右邊快速插入一張新的空白工作表。

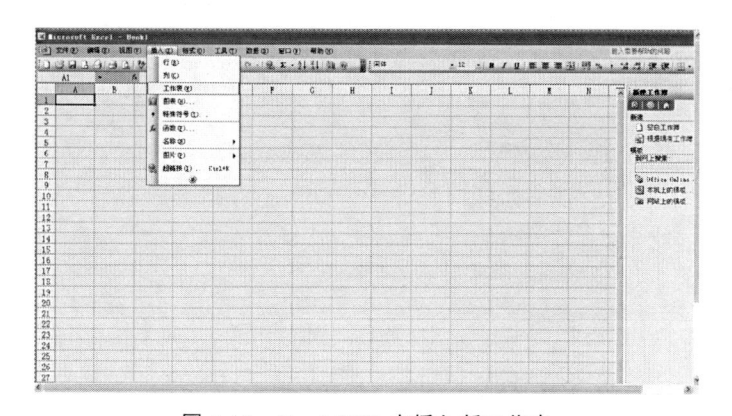

圖 4-13　Excel 2003 中插入新工作表

此外，單擊快捷菜單中的「刪除」菜單，工作表即被刪除；單擊快捷菜單中的「移動或複製工作表」菜單，打開「移動或複製工作表」對話框，可將活動工作表移動到指定位置，如果選中「建立副本」前面的方框，工作表則被複製到指定位置。

2.工作表標籤和標籤滾動按鈕

工作表標籤是指位於工作表下方左端的標籤顯示區（又稱標籤欄或標籤框），用來標示每張工作表名稱和對活動工作表進行切換的按鈕。Excel 2003 默認在標籤顯示區顯示前 3 個工作表的名稱，從左向右依次為 Sheet1、Sheet2 和 Sheet3。其中當前正在操作的工作表為活動工作表，其標籤默認為白底黑字，而其他工作表的標籤默認為灰底黑字。Excel 啓動後，新建工作簿默認的活動工作表為 Sheet1；打開現有工作簿後，默認的活動工作表為該工作簿最近一次存儲時光標所在的工作表。單擊某個工作表標籤後，該工作表即被切換為活動工作表。

如果一個工作簿所包含工作表的張數較多，當前標籤顯示區中不能顯示全部工作表標籤時，可以通過以下三種方法將被標籤顯示區遮擋的工作表標籤在當前標籤顯示區中顯現出來：①適當向右移動標籤拆分框來增加當前標籤顯示區的長度；②單擊標籤滾動按鈕，這種方法適用於不調整標籤顯示區的長度或者當前標籤顯示區已處於最長狀態的情形；③右鍵單擊任一標籤滾動按鈕，從工作表標籤列表中選定目標工作表標籤。

3.滾動條和滾動條按鈕

工作表內容在一個屏幕中無法全部顯示時，當前屏幕未能顯示出來的部分，可通過鼠標拖動滾動條或點擊滾動條按鈕來顯示。位於工作表下方右端的滾動條（或滾動條按鈕，下同）被稱為水平滾動條或橫向滾動條；位於窗口右邊的滾動條被稱為垂直滾動條或縱向滾動條。

向左拖動水平滾動條或點擊、按住水平滾動條左邊的按鈕，工作表將整體向右水平移動；向右拖動水平滾動條或點擊、按住水平滾動條右邊的按鈕時，工作表將整體向左水平移動。

向上拖動垂直滾動條或點擊、按住垂直滾動條上端的按鈕，工作表將整體向下垂直移動；向下拖動垂直滾動條或點擊、按住垂直滾動條下端的按鈕時，工作表將整體向上垂直移動。

在 Excel 2003，水平滾動條按鈕最右端的小豎條標記被稱為「窗口垂直拆分框」，用於快速將窗口拆分成任意大小的左右兩部分；而垂直滾動條按鈕最上方的小橫塊狀標記被稱為「窗口水平拆分框」，用於將窗口快速拆分成任意大小的上下兩部分。Excel 2013 中刪除了「拆分框」控件，只能使用功能區上的「拆分」按鈕將

窗口拆分為窗格。如圖 4-14 所示。

圖 4-14　Excel 2013 窗口垂直拆分

4.列、行和全選按鈕

在 Excel 2003 中，每張工作表包含 256 列、65 536 行。各列依次從左往右用字母 A、B……IV 表示，其中以 A、B、C……Z 字母形式來表示第 1～26 列，第 26 列以後分別以 AA、AB、AC……AZ、BA、BB……IV 來表示。這些字母統稱為列號（又稱列標、列標籤），顯示在工作表的上邊；各行依次從上向下用 1～65 536 表示，這些數字統稱為行號（又稱行標、行標籤），顯示在工作表的左邊。

行號和列標默認處於顯示狀態，在窗口中的相對位置固定不變，但可以通過以下方式在顯示和隱藏之間進行切換：選擇「工具」菜單的「選項」命令，彈出「選項」對話框，選中「視圖」選項卡，在「窗口選項」區域選中或取消「行號列標」（如圖 4-15 所示）。

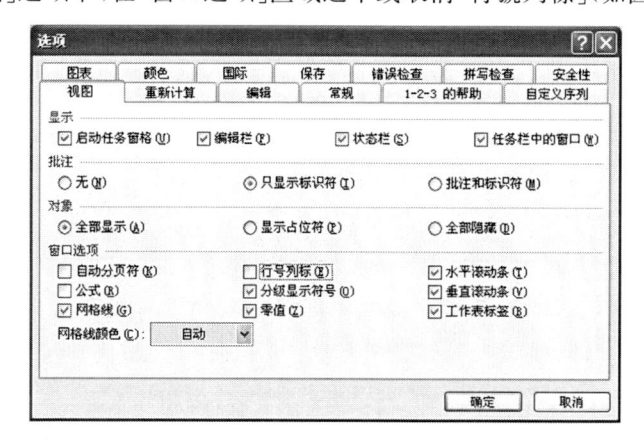

圖 4-15　Excel 2003「選項」對話框選中或取消「行號列標」

「全選按鈕」是位於名稱框下方由列號和行號交叉形成的灰色小方塊。單擊該按鈕,無論光標當前位於何處,即可選中當前工作表的全部單元格。「全選按鈕」的功能類似於快捷鍵「Ctrl+A」,但點擊「Ctrl+A」後,當前活動單元格仍為敲擊前的單元格。

5. 單元格

單元格是工作表中行與列的交叉部分,它是組成表格的最小單位,每個單元格都有其固定的地址和名稱,單元格默認按其對應列號和行號所確定的位置進行命名,如選中 C 列和第 3 行交叉位置上的單元格時,名稱框中顯示該單元格的名稱為 C3。單元格的名稱還可通過名稱框或「插入」菜單「名稱」命令選項中的「定義」子命令進行定義。

單元格區域,是指單個的單元格,或者是由多個單元格組成的區域,或者是整行、整列等。

當前單元格是指當前正在使用(如被選中、編輯或修改)的某一單元格,默認以白色顯示,但其四邊默認被加上一個黑色的方框,所在位置的列號和行號均被自動填充的藍灰色背景進行突出顯示,其名稱顯示在名稱框中,其內容同時顯示在該單元格裡和編輯欄中。Excel 啓動後,默認的當前單元格為工作表 Sheet1 中的單元格 A1;打開現有工作簿,默認的當前單元格為該工作簿最近一次存儲時光標所在的單元格。

活動單元格是指當前被選定的多個單元格,其外邊同樣默認被加上一個黑色的方框,列號和行號均被自動填充的藍灰色背景進行突出顯示。當前活動單元格是指在被同時選定的多個單元格所組成的單元格區域中,當前正在使用的某一單元格。

在多個連續的單元格組成的單元格區域中,所有單元格均為活動單元格,該區域左上方第一個以白色顯示的單元格為當前活動單元格;在多個不連續的單元格區域中,所有單元格均為活動單元格,但最後一個被選中的以白色顯示的單元格為當前活動單元格。在所有活動單元格中,只有當前活動單元格的名稱顯示在名稱框中,其內容同時顯示在該單元格裡和編輯欄中。活動單元格不一定是當前單元格,而當前單元格和當前活動單元格一定屬於活動單元格。單個數據的輸入和修改都在當前單元格或者對應的編輯欄中進行。活動單元格、當前單元格和當前活動單元格以外的單元格,均稱為未被激活的非活動單元格。非活動單元格的外邊框默認為淡淡的灰實線,其對應的列號和行號均無突出顯示。

(六)狀態欄

狀態欄默認位於窗口底部,可以顯示各種狀態信息,如單元格模式、功能鍵的

開關狀態等。

在 Excel 2003 中，狀態欄的左端為消息區，提醒用戶 Excel 軟件正在做什麼；狀態欄的右端為自動計算顯示框和鍵盤狀態顯示區，自動計算顯示框可以自動快速顯示對選定區域的匯總計算結果，自動計算顯示框的右邊是鍵盤狀態顯示區，顯示「大寫」「數字」「改寫」等鍵盤狀態。

在 Excel 2013 中，狀態欄不僅在左端增設了錄制宏按鈕和在右端增設了視圖切換按鈕、顯示比例和縮放滑塊等快捷操作命令，而且提供了更多的狀態欄自定義選項。自定義狀態欄的方法是，右擊狀態欄任意位置，然後在彈出的快捷菜單中勾選相應功能；如果取消勾選，狀態欄中將不顯示相關信息。

在打開的 Excel 文件中，所有單元格默認處於就緒狀態，但雙擊處於就緒狀態的空白單元格和非空白單元格後，二者的狀態將被分別調整為輸入狀態和編輯狀態；在當前單元格通過移動鼠標點擊相應單元格來輸入所引用單元格的地址名稱後，當前單元格將自動從其他狀態調整為數據點狀態。

另外，通過功能鍵「F2」鍵也可切換當前單元格的狀態。

在 Excel 中，由於當前單元格所處的狀態不同，同一命令（或按鈕、鍵盤鍵）有時會有不同的功能，常見的情形主要如下：

（1）新建一個工作簿文件的快捷鍵「Ctrl＋N」、打開一個工作簿文件的快捷鍵「Ctrl＋O」等只有在就緒狀態下才被激活，在編輯狀態、輸入狀態或數據點狀態下無效，但當前單元格的狀態不影響 Excel 軟件的退出。

（2）就緒狀態下，可以通過單擊自動求和按鈕或彈開其下拉菜單在當前單元格插入相關函數；點擊「Delete」鍵或「Backspace」鍵能夠一次性刪除當前單元格裡的所有數據，名稱框中顯示的單元格名稱在數據全部刪除前後保持不變，即該單元格仍為當前單元格；敲擊光標鍵將會改變當前單元格的位置，如敲擊向上（下、左、右）的光標鍵後，光標離開原被選定的單元格，其上（下、左、右）邊的單元格成為當前單元格。

（3）處於就緒狀態的當前單元格中一旦開始錄入內容，只要尚未確認，當前單元格都將被自動調整為輸入狀態，光標閃爍停留在剛剛輸入的最後一個字符的末尾處，等待輸入新的內容或用「Backspace」鍵逐一刪除當前單元格裡位於光標前面的字符。此時如果敲擊光標鍵，相關內容立即被確認輸入到先前的單元格中，各單元格均處於就緒狀態，當前單元格的位置隨之發生變化，已輸入內容的單元格不再是當前單元格。

（4）編輯狀態下，自動求和按鈕同樣無效，但敲擊「Delete」鍵可以逐一刪除光標後面的字符，敲擊「Backspace」鍵可以逐一刪除當前單元格裡位於光標前面的字

符；向上或向下的光標鍵無效，但敲擊向左或向右的光標鍵後，光標向左或向右移動一個字符。

(七)任務窗格

任務窗格默認位於 Excel 窗口的右邊，但可移動到窗口的其他適當位置，用於集中放置最常用的功能和快捷方式，具體包括「開始工作」「幫助」「搜索結果」「剪貼畫」「信息檢索」「剪貼板」「新建工作簿」「模板幫助」「共享工作區」「文檔更新」和「XML 源」11 個任務窗格。

任務窗格打開和關閉的常用方法包括：①敲擊打開或關閉任務窗格的快捷鍵「Ctrl＋F1」鍵；②選擇「視圖」菜單的「任務窗格」命令打開任務窗格，單擊其右上角的「關閉」按鈕，即可關閉「任務窗格」。

任務窗格打開後，用戶可以根據需要，在任務窗格間進行切換。具體方法是單擊任務窗格右上方的向下按鈕，彈出「任務窗格」列表，從中選擇需要的任務窗格；單擊任務窗格左上方第二行的「返回」按鈕、「向前」按鈕，可以切換到原來執行過的前一個或後一個任務窗格。

任務窗格在窗口中移動到適當位置的方法通常是將鼠標指向任務窗格左上方的虛豎線，待鼠標出現四向箭頭時，按下鼠標左鍵進行拖動。

(八)功能區

功能區是由一系列在功能上具有較強相關性的組和命令所形成的區域，各功能區(組)的主要功能由相應的選項卡標籤(或組名)予以標示，用戶可以根據需要完成操作，快速找到和調用包含當前所需命令的功能區和組。

Excel 2013 默認的選項卡標籤有「開始」「插入」「頁面佈局」「公式」「數據」「審閱」「視圖」「開發工具」，排列在標題欄的下方。此外，用戶還可以通過「自定義功能區」自定義選項卡。單擊任一選項卡標籤，其下方將出現一個以平鋪方式展開的「帶形功能區」，它由若干個功能相關的組和命令所組成。如圖 4-16 所示。

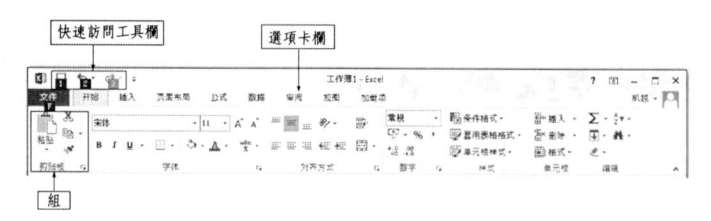

圖 4-16　Excel 2013 功能區

功能區的優勢主要在於，它將通常需要使用菜單、工具欄、任務窗格和其他用戶界面組件才能顯示的任務或入口點集中在一起，便於在同一位置查找和調用功

能相關的命令。

1.選項卡欄

選項卡欄位於標題欄的下方,默認列示「開始」「插入」「頁面佈局」「公式」「數據」「審閱」「視圖」「開發工具」等選項卡,但用戶可以通過「自定義功能區」進行自定義。單擊其中任一選項卡標籤,其下方將以平鋪的方式展開一個由若干個功能相關的組和命令所組成的「帶形功能區」。

折疊或展開(隱藏或取消隱藏)功能區的方法有:①點擊位於功能區右下角的折疊 展開箭頭(或敲擊快捷鍵「Ctrl+F1」鍵,即先按住「Ctrl」鍵不放,敲擊「F1」功能鍵之後再釋放「Ctrl」鍵);②在功能區標題欄以外的任意位置右擊,在彈出的菜單中選擇「折疊功能區」將折疊功能區中的命令。折疊後,右擊任一選項卡,在彈出的菜單中取消選擇「折疊功能區」,即可取消折疊;③雙擊任一選中的功能區選項卡標籤,如當前「開始」選項卡已被選中,直接雙擊該選項卡標籤即可隱藏功能區中的命令;再次雙擊該功能區選項卡將取消隱藏;④點擊標題欄中「功能區顯示選項」按鈕,選中相應選項,實現自動隱藏功能區,僅顯示選項卡標籤。

2.組和命令

組是根據功能不同劃分而成的位於某個選項卡「帶形功能區」內的較小區域,各組均由功能相關的命令組成。如「開始」選項卡默認包括「剪貼板」「字體」「對齊方式」「數字」「樣式」「單元格」「編輯」7個組,對應 Excel 2003「編輯」和「格式」菜單中的部分命令。這 7 組命令組合在一起所形成的「開始」功能區,主要用於幫助用戶對 Excel 2003 表格進行文字編輯和單元格的格式設置。

在功能區的一些組中,如「剪貼板」「字體」「對齊方式」等,其右下角有一個小圖標,稱為對話框啓動器。單擊該圖標,將打開相關的對話框或帶有一組命令的任務面板,允許選擇更多的選項。

命令是被安排在組內的框、菜單或按鈕。各組所包含的命令可以通過「自定義功能區」進行自定義。當鼠標指向組中某個命令時,彈出的懸浮窗口中不僅顯示該命令的名稱,而且將提示其詳細的功能或使用描述,包括該命令的快捷鍵、該命令執行的操作、典型使用情況等。

3.快速訪問工具欄

快速訪問工具欄默認位於功能區上方,與標題欄同處一行,左端緊靠 Excel 軟件的圖標按鈕,用於提供一組獨立於當前所顯示選項卡的命令。快速訪問工具欄默認包含「保存、撤銷、打印」等快捷按鈕。快速訪問工具欄的位置和快捷按鈕的種類可以被自定義。

快速訪問工具欄只能位於功能區的上方或下方,如果不希望快速訪問工具欄在其當前位置顯示,可通過「自定義快速訪問工具欄」將其移至另一位置。如圖 4-17 所示。

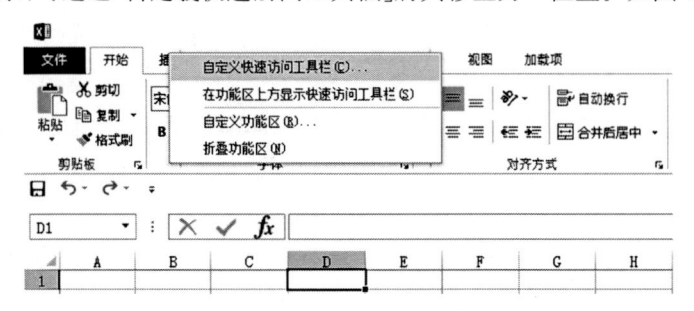

圖 4-17　Excel 2013 將快速訪問工具欄移至功能區下方

向快速訪問工具欄中添加操作按鈕的方法通常包括:①右擊功能區中需要加入快速訪問工具欄的命令,從彈出的快捷菜單中選定「添加到快速訪問工具欄」命令;②單擊快速訪問工具欄右側的下拉菜單箭頭,彈出「自定義快速訪問工具欄」列表,單擊「其他命令」菜單,彈出「Excel 選項」對話框的「快速訪問工具欄」菜單,從「自定義快速訪問工具欄」對話框左邊的「從下列位置選擇命令」欄目中選取相關命令,通過點擊「添加」按鈕將所選命令添加到對話框右邊的「自定義快速訪問工具欄」欄目中(如圖 4-18 所示),點擊「自定義快速訪問工具欄」欄目最右邊的「上移」「下移」按鈕將其移至適當位置,點擊「確定」按鈕退出;③右鍵單擊功能區標題欄以外的任意位置,在彈出的快捷菜單中選定「自定義快速訪問工具欄」,彈出「Excel 選項」對話框的「快速訪問工具欄」菜單,後續操作與方法②中的相關操作相同;④單擊「文件」菜單,選中「選項」菜單,進入「Excel」選項,單擊「快速訪問工具欄」菜單,後續操作與方法②中的相關操作相同。

圖 4-18　Excel 2013「Excel 選項」對話框的「快速訪問工具欄」菜單

五、Excel 文件的管理

Excel 文件的管理主要包括新建、保存、關閉、打開、保密、備份、修改與刪除等工作。

(一) Excel 文件的新建與保存

1. Excel 文件的新建

單擊「開始」菜單中列示的 Excel 快捷命令、桌面或任務欄中 Excel 的快捷方式圖標或者通過「運行」對話框等方式啟動 Excel 軟件的，系統將自動建立一個新的空白工作簿，或者提供一系列模板以供選擇，選定其中的空白工作簿模板後，新的空白工作簿窗口將在屏幕上呈現出來，並在標題欄中顯示默認的文件名。

以打開現成 Excel 文件方式啟動 Excel 軟件的，可通過以下方法之一建立一個新的空白工作簿：①敲擊快捷鍵「Ctrl＋N」鍵；②打開「文件」菜單，點擊「新建」菜單命令，選定其中的空白工作簿模板；③點擊工具欄中的「新建」按鈕（Excel 2003 為常用工具欄，Excel 2013 為快速訪問工具欄）。

2. Excel 文件的保存

為了繼續使用新建的 Excel 文件，應當以合適的名稱和類型將 Excel 文件保存在適當的位置。Excel 文件在編輯修改完畢或退出 Excel 軟件之前，均應進行保存。

保存 Excel 文件的常用方法如下：

(1) 通過敲擊功能鍵「F12」鍵進行保存。具體步驟為：①敲擊功能鍵「F12」鍵，打開「另存為」對話框（見圖 4-19 所示）；②給目標文件命名；③確定目標文件的類型；④確定適當的存儲位置。

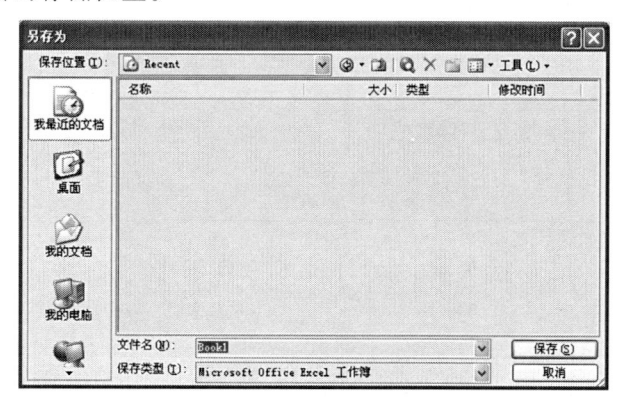

圖 4-19 「另存為」對話框

(2)通過敲擊快捷鍵「Ctrl＋S」鍵進行保存。對於新建的 Excel 文件，由於此前尚未保存過，敲擊快捷鍵「Ctrl＋S」鍵後，「另存為」對話框隨之打開，採用與方法(1)中的相關步驟相同的方法進行操作；對於之前已經保存過的文件，敲擊快捷鍵「Ctrl＋S」鍵後，將直接保存最近一次的修改，不再彈出「另存為」對話框。

(3)通過單擊常用工具欄（適用於 Excel 2003）或快速訪問工具欄（適用於 Excel 2013）中的「保存」或「另存為」按鈕進行保存。

(4)通過「文件」菜單（或 Excel 2003「工具欄」菜單）中的「保存」或「另存為」命令進行保存。

為了避免 Excel 軟件意外中止而丟失大量尚未保存的信息，系統通常會默認保存自動恢復信息的時間間隔，這一時間間隔還可以自定義。

(二)Excel 文件的關閉與打開

1. Excel 文件的關閉

Excel 軟件退出前必須關閉打開的文件，因此，也可以採用前述三種 Excel 軟件的退出方法來關閉處於打開狀態的文件。此外，還可採用以下方法來關閉處於打開狀態的 Excel 文件：

(1)點擊「工具欄」中的「關閉」按鈕或命令。Excel 2003 中，可點擊「常用工具欄」中的「關閉」按鈕或「工具欄」菜單中的「關閉」命令來關閉當前打開的文件。Excel 2013 中沒有「工具欄」菜單，可點擊快速訪問工具欄中的「關閉」按鈕。

(2)點擊「文件」菜單中的「關閉」命令。

(3)按擊快捷鍵「Ctrl＋F4」。

上述三種方法關閉的均是當前文件，其他處於打開狀態的 Excel 文件仍處於打開狀態，Excel 軟件仍在運行，並可通過按擊「Ctrl＋N」鍵等方式創建新工作簿。

2. Excel 文件的打開

打開 Excel 文件的方法具體如下：

(1)通過直接點擊 Excel 文件打開。

(2)通過快捷菜單中「打開」命令打開。

(3)通過 Excel「文件」菜單中的「打開」命令進行打開。

(4)通過常用工具欄（適用於 Excel 2003）或快速訪問工具欄（適用於 Excel 2013）中的「打開」按鈕進行打開。

(5)通過按擊快捷鍵「Ctrl＋O」鍵進行打開。

(三)Excel 文件的保密與備份

1. Excel 文件的保密

Excel 文件加密的步驟為：①打開「另存為」對話框；②在「另存為」對話框中，點擊「工具」下拉菜單中的「常規選項」；③在打開的「保存選項」對話框中（如圖 4-20 所示），根據需要輸入 Excel 文件的打開權限密碼或修改權限密碼，也可以勾選「建議只讀」，點擊「確定」；④保存 Excel 文件。

圖 4-20 「保存選項」對話框

對於設置了打開權限密碼的 Excel 文件，只有輸入正確的密碼才能打開。對於設置了修改權限密碼的 Excel 文件，只有輸入正確的密碼才能修改，否則只能以只讀方式打開。

2. Excel 文件的備份

Excel 文件備份的步驟為：①打開「另存為」對話框；②在「另存為」對話框中，點擊「工具」下拉菜單中的「常規選項」；③在打開的「保存選項」對話框中，勾選「生成備份文件」選項，點擊「確定」；④保存 Excel 文件。

Excel 軟件根據原文件自動創建備份文件的名稱為原文件名後加上「的備份」字樣，圖標與原文件不同。

(四)Excel 文件的修改與刪除

1. Excel 文件的修改

Excel 文件的修改通常在已打開的 Excel 文件中進行，包括修改單元格內容、增刪單元格和行列、調整單元格和行列的順序、增刪工作表和調整工作表順序等。

2. Excel 文件的刪除

Excel 文件的刪除方法包括：

(1)選中要刪除的 Excel 文件，按擊「Delete」鍵進行刪除。

(2)用鼠標右鍵點擊要刪除的Excel文件,選擇刪除命令。

[考題例證·單選] 下列各項中,屬於圖表作用的是(　　)。

A. 直觀地展示數據之間的複雜關係

B. 輸入、存儲數據

C. 快速地對工作表中的數據進行檢索

D. 對數據進行複雜的運算和分析

【答案】　A

[考題例證·多選] 下列方法中,可以退出Excel軟件的有(　　)。

A. 點擊標題欄最右邊的關閉按鈕「×」後,Excel軟件將被退出

B. 點擊「關閉窗口」或「關閉所有窗口」命令

C. 按擊快捷鍵「Alt＋F4」

D. 按擊快捷鍵「Ctrl＋F4」

【答案】　ABC

[考題例證·多選] 下列各項中,關於Excel 2013說法不正確的有(　　)。

A. 每張工作表由65 536行和356列組成

B. 每個工作簿默認含有3張工作表

C. 每個工作簿默認含有1張工作表

D. 每個工作簿含有工作表的張數受到計算機內存大小的限制

【答案】　AB

[考題例證·多選] 在Excel 2013和Excel 2003中,默認用戶界面都包含的要素有(　　)。

　　A. 工作表區　　B. 功能區　　C. 狀態欄　　D. 編輯區

【答案】　ACD

[考題例證·多選] 下列各項中,屬於Excel 2003「數據」菜單下的有(　　)。

　　A. 排序　　B. 篩選　　C. 分類匯總　　D. 求和

【答案】　ABC

[考題例證·多選] 在就緒狀態下可以通過單擊(　　)鍵一次性刪除單元格的所有數據。

　　A. Delete　　B. Tab　　C. Backspace　　D. Alt

【答案】　AC

[考題例證・多選] 在單元格上右鍵單擊選擇「刪除」選項,彈出的對話框有
(   )。

  A. 右側單元格左移　　　　　　B. 整列

  C. 整行　　　　　　　　　　　D. 下方單元格上移

【答案】 ABCD

[考題例證・判斷] 在 Excel 2013 中,每個工作簿默認含有 5 張工作表,該工作表由 1 048 576 行和 16 384 列組成。默認的工作表不夠用時,可以根據需要予以適當添加。(　　)

【答案】 ×

第二節　數據的輸入與編輯

一、數據的輸入

(一)數據的手工錄入

Excel 中,數據的輸入和修改都在當前單元格或者對應的編輯欄中進行。Excel 文件打開後,所有單元格均默認處於就緒狀態,等待數據的輸入。

1. 在單個單元格中錄入數據

在單個單元格中手工錄入數據的具體步驟為:①選定目標單元格;②通過鍵盤從左向右依次錄入所需的數字或文本;③採用適當方法確認錄入的內容。

2. 在單張工作表的多個單元格中快速錄入完全相同的數據

在單張工作表的多個單元格中錄入完全相同數據的具體步驟如下:①選定單元格區域;②在當前活動單元格或者對應的編輯欄中通過鍵盤從左向右依次錄入所需的數字或文本;③通過組合鍵「Ctrl+Enter」確認錄入的內容。

3. 在單張工作表的多個單元格中快速錄入部分相同的數據

快速輸入大量因系統性編碼而部分重複的數據的具體步驟為:①選中需要錄入數據的單元格區域;②按擊「Ctrl+1」鍵或通過其他方式打開「單元格格式」對話框(如圖 4-21 所示);③選擇「分類」列表中的「自定義」,在「類型」編輯框中輸入「重複的數據@」,點擊確認後完成設置。

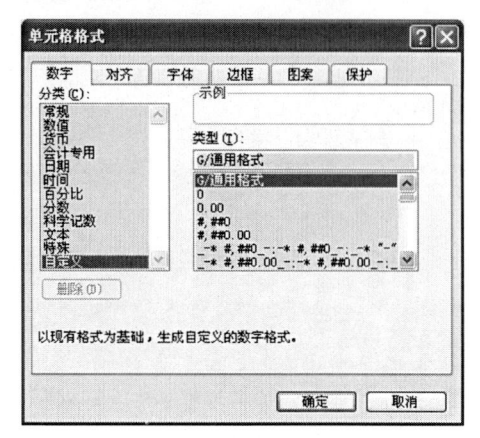

圖 4-21　Excel 2003「單元格格式」對話框

　　設置完成後，在相應的單元格輸入數據時，只需要輸入不重複的數字部分，系統會在輸入的數字前自動加上重複部分。

　　4.在工作組的一個單元格或多個單元格中快速錄入相同的數據

　　在工作組中錄入相同數據的具體步驟：

　　(1)將工作簿中多張工作表組合成工作組。具體方法是單擊某個工作表標籤，按住「Shift」鍵不放，再單擊另外一個工作表標籤後，這兩個工作表標籤之間所有相連的工作表均被選中；如果按住「Ctrl」鍵不放，則可選中多個非連續的工作表。被選中的這些工作表共同組成工作組，工作簿標題欄中的文件名後面隨之出現「[工作組]」字樣。對於工作表較多的工作簿，通過快捷菜單中的「選定全部工作表」命令，選定全部工作表來構成包含全部工作表的工作組較便捷；如果有部分工作表不需列入工作組，可以在成組狀態下按住「Ctrl」鍵來點選不需要的工作表。

　　(2)在當前工作表中選定目標單元格，如同按照在單個單元格中錄入數據的方法錄入相關數據；或者一個單元格區域或者不連續區域，如同按照在單張工作表的多個單元格中錄入相同數據的方法錄入相關數據。

　　(3)完成數據錄入後，可採用以下方法取消該工作組：①單擊所在工作簿中其他未被選中的工作表標籤（即組外工作表標籤），如果該工作組包含工作簿中的所有工作表，則只需單擊活動工作表以外的任意一個工作表標籤；②指向該工作簿任意一個工作表標籤，單擊鼠標右鍵，從彈出的快捷菜單中選定「取消成組工作表」。如圖 4-22 所示。

　　(4)檢查數據錄入情況。

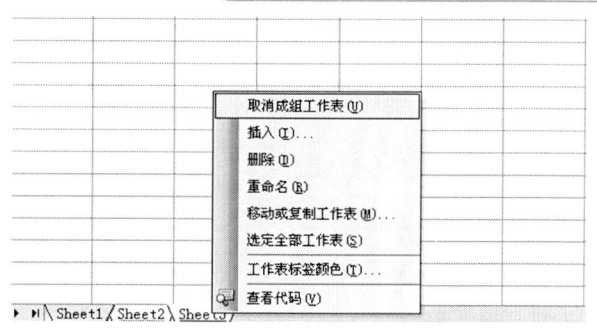

第四章 電子表格軟件在會計中的應用

圖 4-22　Excel 2003 中取消成組工作表

(二)單元格數據的快速填充

1. 相同數據填充

某單元格的內容需要複製到其他單元格時，通常可點擊該單元格右下角的填充柄，鼠標箭頭隨之變為黑十字形，按住鼠標左鍵向上下左右的任意方向拖動，然後松開鼠標左鍵，該單元格的內容即被填充到相關單元格。

2. 序列填充

序列是指按照某種規律排列的一列數據，如等差數列、等比數列等。使用填充柄可自動根據已填入的數據填充序列的其他數據。使用填充序列的操作步驟如下：

(1)在需要輸入序列的第一個單元格中輸入序列第一個數或文本內容，緊接第二個單元格輸入序列第二個數或文本內容。

(2)選中上述兩個單元格，點擊第二個單元格右下角的填充柄，按住鼠標左鍵拖動，在適當的位置釋放鼠標，拖過的單元格將會自動進行填充。

以填充等差數列為例(如圖 4-23 所示)，在單元格 B1 中輸入「1」，在單元格 C1 中輸入「2」，然後利用 Excel 自動填充功能，可以在單元格 D1～G1 中自動生成數字 3～6。如圖 4-24 所示。

圖 4-23　利用 Excel 自動填充功能

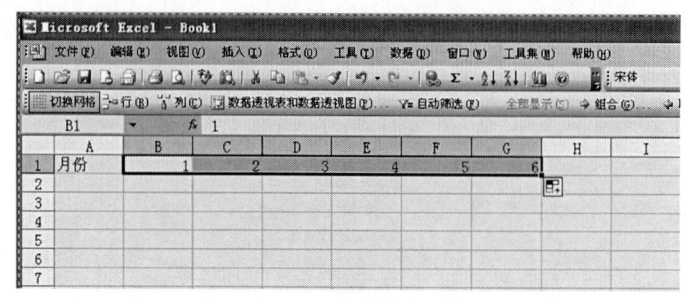

圖 4-24　利用 Excel 自動填充功能生成結果

3.填充序列類型的指定

利用自動填充功能填充序列後，可以指定序列類型，如填充日期值時，可以指定按月填充、按年填充或者按日填充等。拖動填充柄並釋放鼠標時，鼠標箭頭附近出現「自動填充選項」按鈕，單擊該按鈕打開下拉菜單以選擇填充序列的類型。

在單元格 B1 中輸入「2013-1-1」，在單元格 C1 中輸入「2013-1-2」，然後拖動填充柄至 E1，並釋放鼠標，單擊「自動填充選項」按鈕，在出現的下拉菜單中選擇「以天數填充」，得到結果。如圖 4-25 所示。

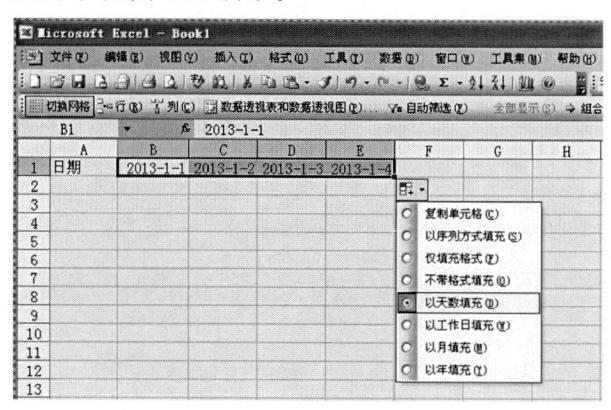

圖 4-25　自動填充選項

(三)導入其他數據庫的數據

Excel 可以獲取 SQL Server、Access 等數據庫的數據，實現與小型數據庫管理系統的交互。

二、數據的編輯

(一)數據的複製和剪切

1.數據的複製和粘貼

Excel 中，數據複製和粘貼的程序是：①選中含有複製內容的對象；②複製原單

元格的內容；③選中需要粘貼的目標位置；④粘貼複製的內容。此外，還可以使用「選擇性粘貼」命令有選擇地粘貼剪貼板中的數值、格式、公式、批註等內容，即在打開的快捷菜單中選擇「選擇性粘貼」命令，打開「選擇性粘貼」對話框（如圖 4-26 所示），在「粘貼」區域選中需要粘貼選項的單選框（如「數值」單選框），並單擊「確定」按鈕。

數據的複製和粘貼可使用快捷鍵「Ctrl+C」和「Ctrl+V」。

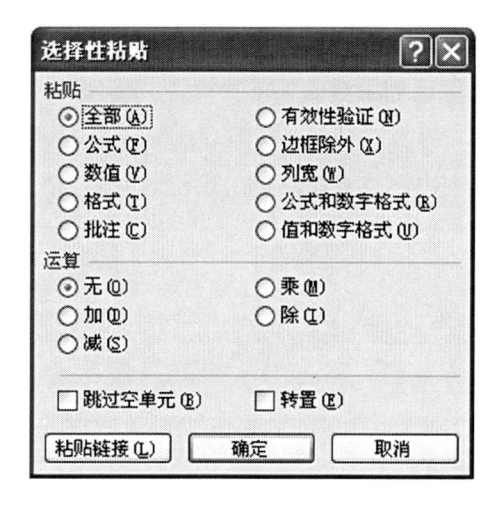

圖 4-26　Excel 2003「選擇性粘貼」對話框

2. 數據的剪切與粘貼

數據的剪切與複製不同。數據複製後，原單元格中的數據仍然存在，目標單元格中同時增加原單元格中的數據；數據剪切後，原單元格中數據不復存在，只在目標單元格中增加原單元格中的數據。數據的剪切可使用快捷鍵「Ctrl+X」。

(二) 數據的查找和替換

1. 查找和替換特定數據

查找和替換特定數據的常用方法如下：

(1) 依次單擊「編輯」「查找和選擇」「替換」，打開「查找和替換」對話框，或者按擊快捷鍵「Ctrl+H」鍵彈出「替換」標籤（如圖 4-27 所示），按擊快捷鍵「Ctrl+F」鍵彈出「查找」標籤。

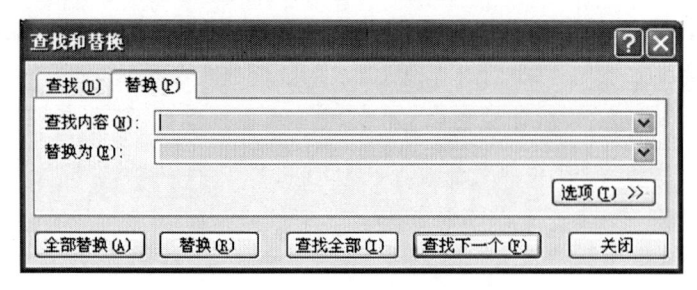

圖 4-27　Excel 2003「替換」標籤

(2)在「查找內容」編輯欄中輸入被查找或者被替換的內容,在「替換為」編輯欄中輸入替換的內容。

(3)如果需要查找,單擊「查找下一個」或「查找全部」進行查找;如果需要替換,單擊「替換」逐個替換或單擊「全部替換」一次性全部替換;查找和替換方式可通過「選項」進行設置。

2. 選中包含公式的單元格

依次單擊「編輯」「查找和選擇」「公式」,選中工作簿中所有包含公式的單元格。

3. 替換格式

替換格式的操作步驟為：

(1)按擊「Ctrl＋H」鍵(或依次單擊「編輯」「查找和選擇」「替換」),打開「查找和替換」對話框。

(2)在「查找內容」中輸入被查找或者被替換內容,在「替換為」中輸入替換內容,如圖4-28所示。

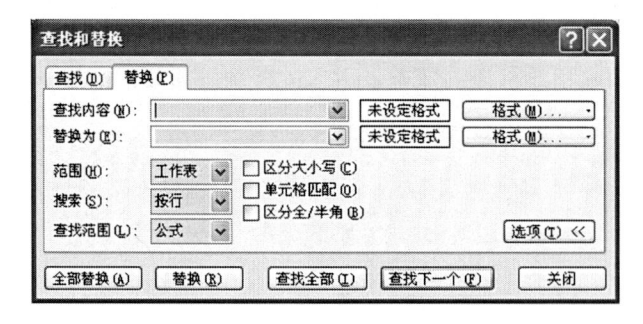

圖 4-28　Excel 2003「查找與替換」對話框

(3)單擊「替換為」後的「格式」打開「替換格式」對話框(如圖4-29所示),進行相應格式設置後單擊確定回到「查找和替換」對話框,單擊「全部替換」即完成對內容

和格式的批量替換。

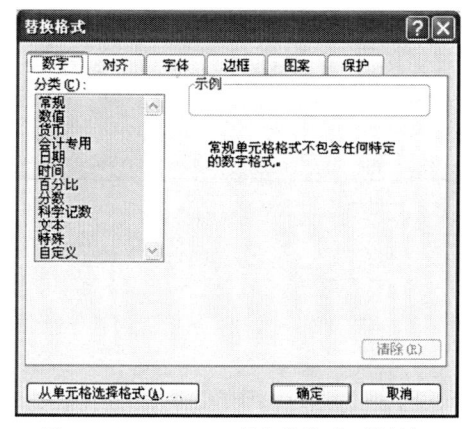

圖 4-29　Excel 2003「替換格式」對話框

三、數據的保護

(一)保護工作簿

Excel 可以為重要的工作簿設置保護,限制進行相應的操作。

1. 限制編輯權限

Excel 2013 中,依次單擊「審閱」「更改」「保護工作簿」,在彈出的「保護結構和窗口」對話框中(如圖 4-30 所示),勾選「結構」和「窗口」並輸入取消保護的密碼,點擊「確定」後再次輸入密碼完成設置。

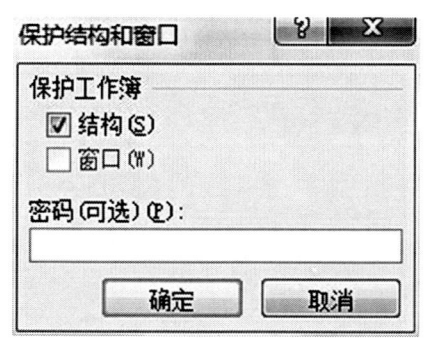

圖 4-30　Excel 2013「保護結構和窗口」對話框

工作簿被保護後所有的操作都不可進行。如果要撤銷保護工作簿,按設置保護工作簿的路徑選擇「保護工作簿」,輸入正確的密碼後可撤銷保護。

2. 設置工作簿打開權限密碼

Excel 2013 中,依次單擊「文件」「信息」「保護工作簿」「用密碼進行加密」,打開

「加密文檔」對話框(如圖4-31所示),設置「密碼」,單擊「確定」完成設置。

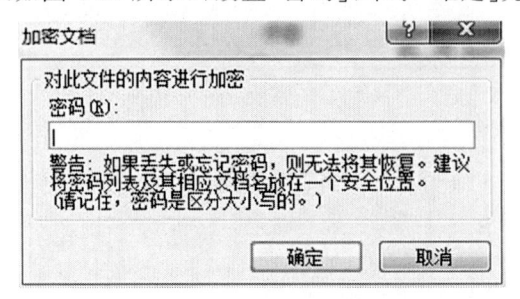

圖4-31 Excel 2013「加密文檔」對話框

設置完成後,當再次打開工作簿時需要輸入正確的密碼才能打開。

(二)保護工作表

在Excel 2013中,可以對工作表進行編輯權限設定,限制他人對工作表的編輯權限,如插入行、插入列等。取消權限保護需輸入正確的密碼。

依次選定「審閱」「更改」和「保護工作表」,彈出「保護工作表」對話框(如圖4-32所示),設置需要限制的編輯權限和取消保護的密碼,單擊「確定」完成設置。

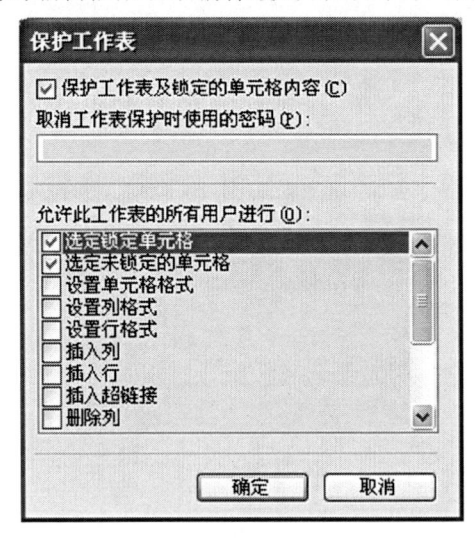

圖4-32 Excel 2013「保護工作表」對話框

如果要撤銷保護工作表,按設置保護工作簿的路徑選擇「保護工作表」,正確輸入取消工作表保護時使用的密碼後可撤銷保護。

第四章 電子表格軟件在會計中的應用

(三) 鎖定單元格

鎖定單元格可以使單元格的內容不能被修改,使用「鎖定單元格」功能必須啟用保護工作表功能。鎖定單元格的操作步驟如下:

(1)啟用保護工作表。

(2)選定需要保護的單元格或單元格區域,依次單擊「開始」「單元格」「格式」和「鎖定單元格」,完成保護單元格設置。

[考題例證・單選] 在 Excel 中,如果想以遞增的方式往下填充數字,在向下拖動填充柄時要按住( )鍵。

  A. Ctrl   B. 空格   C. Alt   D. Shift

【答案】 A

[考題例證・單選] 替換的快捷鍵是( )。

  A. Ctrl+G   B. Ctrl+H   C. Ctrl+F   D. Ctrl+V

【答案】 B

[考題例證・單選] 下列關於單元格數據輸入方法不正確的是( )。

  A. 可以通過編輯欄進行輸入數據,然後按回車鍵(Enter)確定輸入
  B. 在單張工作表的多個單元格中快速錄入完全相同的數據要通過組合鍵「Ctrl+Enter」確認錄入的內容
  C. 在多個單元格中快速錄入部分相同的數據需通過單擊「數字」選項卡,在「分類」中選擇「自定義」進行設置
  D. 在工作組的一個單元格或多個單元格中快速錄入相同的數據要通過「Enter」確認錄入的內容

【答案】 D

[考題例證・單選] 設置「單元格格式」可以通過以下( )快捷鍵打開對話框。

  A. Ctrl+O   B. Ctrl+P   C. Ctrl+I   D. Ctrl+H

【答案】 C

[考題例證・單選] Excel 中,複製的快捷鍵是( )。

  A. Ctrl+A   B. Ctrl+C   C. Ctrl+V   D. Ctrl+X

【答案】 B

[考題例證・多選] 在 Excel 中,數據的輸入有( )。

  A. 手工輸入   B. 快速填充
  C. 導入其他數據庫的數據   D. 以上都不能

【答案】 ABC

[考題例證・多選] Excel數據的保護包括(　　　)。
　　A.保護行和列　　B.保護工作簿　　C.保護工作表　　D.鎖定單元格
【答案】　BCD
[考題例證・判斷] 數據複製後,原單元格中的數據不存在,目標單元格中增加原單元格中的數據。　　　　　　　　　　　　　　　　　　　　　(　　)
【答案】　×

第三節　公式與函數的應用

一、公式的應用

(一)公式的概念及其構成

公式是指由等號「＝」、運算體和運算符在單元格中按特定順序連接而成的運算表達式。運算體是指能夠運算的數據或者數據所在單元格的地址名稱、函數等;運算符是使Excel自動執行特定運算的符號。例如,2＋3,其運算體分別是2和3,而運算符則是「＋」,要求執行加法運算。Excel中,運算符主要有四種類型:算術運算符、比較運算符、文本運算符和引用運算符,如表4-1所示。

表4-1　**Excel中運算符的類型及其功能**

類型	基本功能	符號	名稱	具體作用	示例
算術運算符	完成基本的數據運算、合併數字、生成數值結果等	＋	加號	加法	1＋2
		－	減號	減法 負數	2－1 －1
		＊	星號	乘法	2＊3
		／	正斜槓	除法	2／3
		％	百分號	百分比(數組中無法進行運算)	10％
		^	脫字號	乘方	2^10
比較運算符	比較兩個值時,結果為邏輯值TRUE或FALSE	＝	等號	等於	A1＝B1
		＞	大於號	大於	A1＞B1
		＜	小於號	小於	A1＜B1
		＞＝	大於等於號	大於等於	A1＞＝B1
		＜＝	小於等於號	小於等於	A1＜＝B1
		＜＞	不等號	不等於	A1＜＞B1

續表 4-1

類型	基本功能	符號	名稱	具體作用	示例
文本運算符	連接兩個文本字符串（串聯），以生成一段文本	&	與號	將兩個文本值連接或串成一個連續的文本值	「中華人民共和國」&「財政部」
引用運算符	對單元格區域引用進行合併計算	:	冒號（區域運算符）	生成對兩個引用之間的所有單元格的引用，包括這兩個引用	A1:B3
		,	逗號（聯合運算符）	將多個引用合併為一個引用	SUM(A1:B3,A5:B7)
		空格	空格（交叉運算符）	生成對兩個引用共同的單元格的引用	A5:E5　C3:C7

Excel中，公式總是以等號「＝」開始，以運算體結束，相鄰的兩個運算體之間必須使用能夠正確表達兩者運算關係的運算符進行連接，即公式的完整表達式按以下方式依次構成：等號「＝」、第一個運算體、第一個運算符、第二個運算體，以此類推，直至最後一個運算體。

（二）公式的創建與修改

1. 公式的創建

Excel中，創建公式的方式包括手動輸入和移動點擊輸入。

手動輸入公式的具體步驟為：①選定目標單元格；②在目標單元格或其對應的編輯欄中輸入等號「＝」，輸入的內容在單元格和編輯欄中同步顯示；③輸入第一個運算體、第一個運算符、第二個運算體，以此類推，直至最後一個運算體，如有小圓括號，應注意其位置是否適當以及左括號是否與右括號相匹配；④確認新創建的公式。

如圖 4-33 所示，在單元格 A1 中輸入公式「＝2＊3+2^4」，確認輸入後，單元格內將顯示結果 22，編輯欄顯示該公式的完整內容；如果輸入「＝2＊(3+2)^4」，其結果為 1 250。

圖 4-33　手動輸入公式的方法

當輸入的公式中含有其他單元格的數值時，為了避免重複輸入甚至出錯，還可以通過移動鼠標去單擊輸入數值所在單元格的地址（即引用單元格的數值）來創建公式。

如圖 4-34 所示，已知某公司資產與負債的金額分別列示於單元格 B1 和 B2，為計算所有者權益的金額，可在單元格 B3 中輸入公式「＝B1－B2」。

圖 4-34　引用單元格的數值創建公式

2. 公式的編輯和修改

公式編輯和修改的方法如下：

(1) 雙擊公式所在的單元格直接在單元格內修改內容。

(2) 選中公式所在的單元格，按「F2」鍵後直接在單元格內更改內容。

(3) 選中公式所在的單元格後單擊公式編輯欄，在公式編輯欄中做相應更改。

需要注意的是，在編輯或者移動點擊輸入公式時，不能隨便移動方向鍵或者單擊公式所在單元格以外的單元格，否則單元格內光標移動之前的位置將自動輸入所單擊單元格的地址名稱。

如圖 4-35 所示，在編輯公式「＝2＊3＋2^4」的情況下，如果光標在「3」之前閃爍時去單擊單元格 C2，單元格內「3」之前將自動輸入所單擊單元格的地址名稱 C2。

圖 4-35　編輯或者數據點模式下單擊其他單元格

(三) 公式的運算次序

對於只由一個運算符或者多個優先級次相同的運算符（如既有加號又有減號）構成的公式，Excel 將按照從左到右的順序自動進行智能運算；但對於由多個優先級次不同的運算符構成的公式，Excel 則將自動按照公式中運算符優先級次從高到低進行智能運算。運算符的優先級次如表 4-2 所示。

表 4-2　Excel 中運算符的優先級次

運算符	優先級次
:(冒號,區域運算符)	1
(空格,交叉運算符)	2
,(逗號,聯合運算符)	3
一(負數)	4
%(百分比)	5
^(乘方)	6
* 和/(乘和除)	7
＋和－(加和減)	8
&(與號,連接兩個文本字符串)	9
＝(等於)	10
＜和＞(小於和大於)	11
＜＝(小於等於)	12
＞＝(大於等於)	13
＜＞(不等於)	14

為了改變運算優先順序,應將公式中需要最先計算的部分使用一對左右小圓括號括起來,但不能使用中括號。公式中左右小圓括號的對數超過一對時,Excel 將自動按照從內向外的順序進行計算。

例如,對公式「＝2＊3＋2^4」進行計算的次序依次是先計算 2^4,接著計算出 2＊3 的乘積,最後將該乘積與前一步驟的冪相加,計算結果為 22;對公式「＝2＊(3＋2)^4」進行計算的次序依次是先計算(3＋2),求其 4 次冪後再乘以 2,計算結果為 1 250;對公式「＝(2＊(3＋2))^4」進行計算的次序依次是先計算(3＋2),求其乘以 2 的積,最後求該積數的 4 次冪,計算結果為 10 000。

(四)公式運算結果的顯示

Excel 根據公式自動進行智能運算的結果默認顯示在該公式所在的單元格裡,編輯欄則相應顯示公式表達式的完整內容。該單元格處於編輯狀態時,單元格也將顯示等號「＝」及其運算體和運算符,與所對應編輯欄顯示的內容相一致。

1. 查看公式中某步驟的運算結果

單元格中默認顯示的運算結果是根據完整的公式表達式進行運算的結果,但可通過下述方法查看公式中某步驟的運算結果:

（1）選中公式所在的單元格，雙擊或按「F2」鍵進入編輯狀態。

（2）選中公式中需要查看其運算結果的運算體和運算符，按「F9」鍵後，被選中的內容將轉化為運算結果，該運算結果同時處於被選中狀態。

如圖 4-36 所示，要查看公式中「2＊3」的運算結果，選中「2＊3」後按「F9」鍵，將顯示運算結果 6。

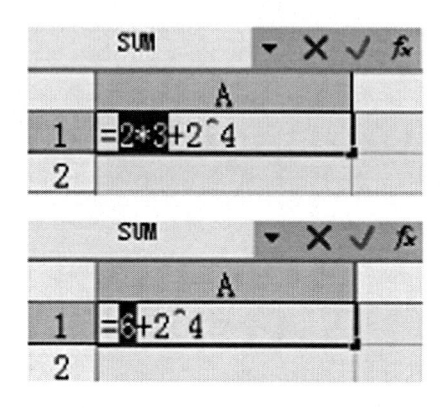

圖 4-36　查看公式中某步驟的運算結果

需注意的是，所查看內容必須以一個運算體（或左小圓括號）為起點、另外的運算體（或右小圓括號）為終點，否則按「F9」鍵後無法運算，自動彈出報錯對話框。如圖 4-37 所示。

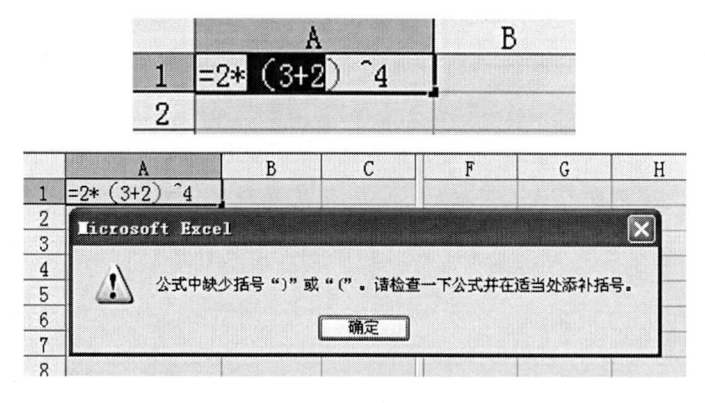

圖 4-37　無法運算彈出的報錯對話框

在運算結果處於被選中狀態下，如果按「確認」或者移動光標鍵，公式中參與運算的運算體和運算符將不復存在，而被該結果所替代；如果移動鼠標去點擊其他單元格，公式所在單元格將由編輯狀態切換成數據點狀態，公式所在單元格裡同時顯示被選中單元格的地址或名稱。如圖 4-38 所示。

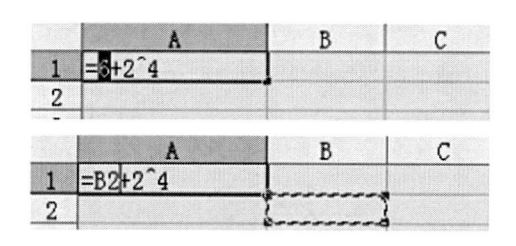

圖 4-38　單元格將由編輯狀態切換成數據點狀態

（3）按「Esc」鍵或者「Ctrl＋Z」組合鍵（或單擊「撤銷」按鈕），運算結果將恢復為公式表達式的原來內容。

2.公式默認顯示方式的改變

為了檢查公式整體或者其中某一組成部分的表述是否正確，可以通過下述方法使單元格默認顯示完整的公式表達式，實現公式表達式與運算結果之間的便捷切換。

（1）在單元格顯示運行結果時，選中單元格，按「Ctrl＋、」組合鍵或者點擊「顯示公式」菜單命令（適用於 Excel 2013，如圖 4-39 所示），可切換為顯示公式內容。

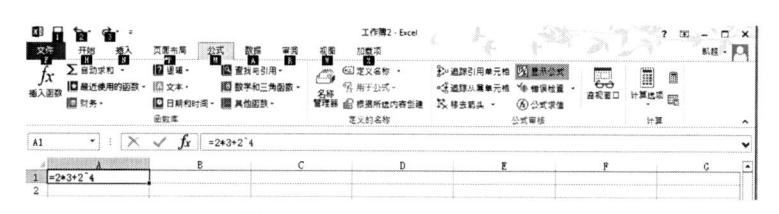

圖 4-39　Excel 2013 顯示公式

Excel 2003 中，依次點擊「工具」「公式審核」「公式審核模式」，切換為顯示公式內容。如圖 4-40 所示。

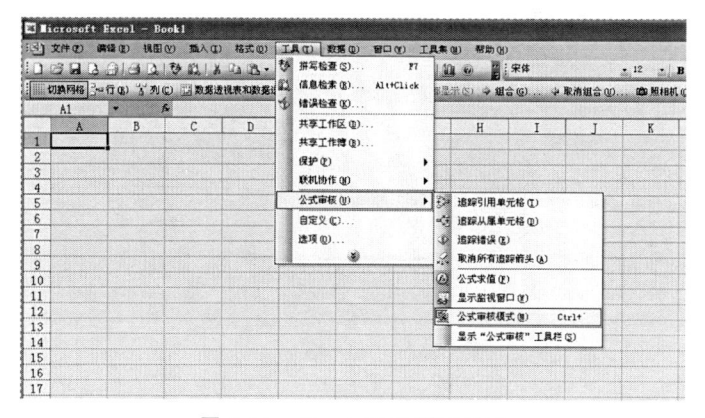

圖 4-40　Excel 2003 顯示公式

（2）在單元格顯示公式內容時，選中單元格，按「Ctrl＋、」組合鍵或者點擊「顯示公式」（適用於 Excel 2013）菜單命令，Excel 2003 中點擊「公式審核模式」菜單命令，可切換為顯示運行結果。

3.將公式運算結果轉換為數值

將公式運算結果轉換為數值，是採用複製粘貼的方法將公式原地複製後，進行選擇性粘貼，但只粘貼數值。

複製的步驟依次是選中單元格，按「Ctrl＋C」組合鍵或點擊「複製」菜單命令。Excel 2003 中，依次點擊「編輯」「複製」（如圖 4-41 所示）；Excel 2013 中，依次點擊「開始」「複製」（如圖 4-42 所示）。

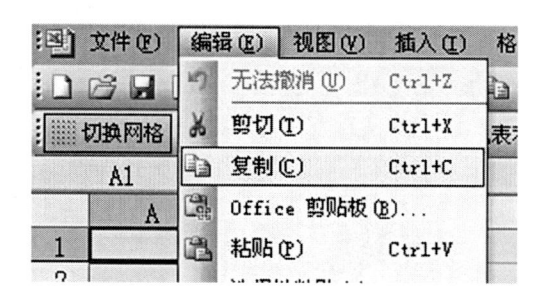

圖 4-41　Excel 2003「複製」菜單命令

圖 4-42　Excel 2013「複製」菜單命令

Excel 2003 中,選擇性粘貼的步驟依次是點擊「編輯」「選擇性粘貼」(如圖 4-43 所示),打開「選擇性粘貼」對話框(如圖 4-44 所示),選擇「數值」後,單擊「確定」或按下「確認」鍵。

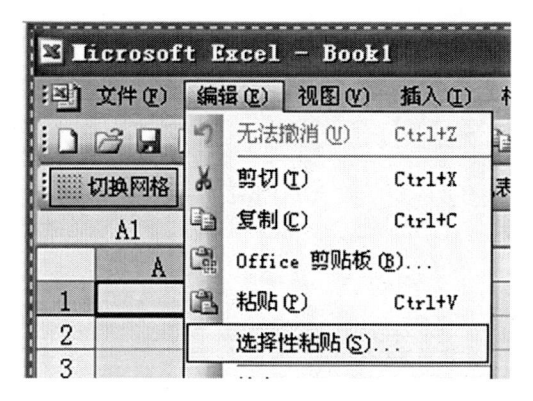

圖 4-43　Excel 2003 中的選擇性粘貼方法

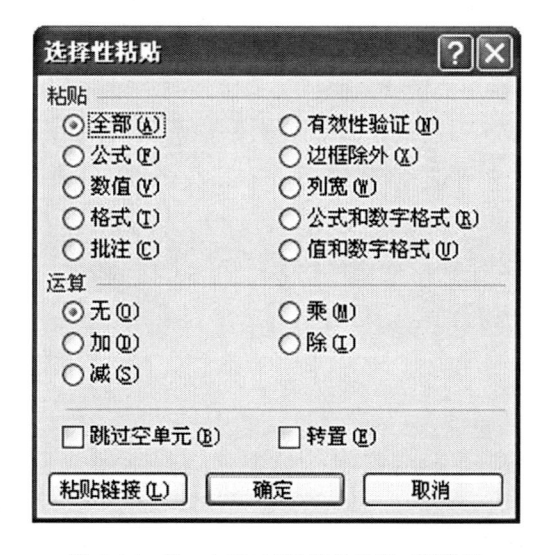

圖 4-44　Excel 2003「選擇性粘貼」對話框

Excel 2013 中,選擇性粘貼的方法有:①單擊右鍵快速打開粘貼選項,選中其中的「值」選項圖標(或按下「V」鍵);②按下「Ctrl＋Alt＋V」鍵或點擊「開始」菜單下的「粘貼」命令的下拉箭頭(如圖 4-45 所示),選擇「選擇性粘貼」,打開「選擇性粘貼」對話框。

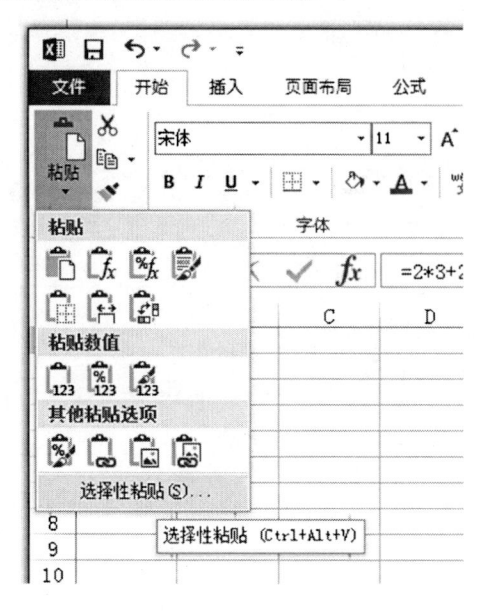

圖 4-45　Excel 2013 中的選擇性粘貼方法

二、單元格的引用

單元格引用是指在不同單元格之間建立連結，以引用來自其他單元格的數據。引用的作用在於標示工作表上的單元格或單元格區域，並指明公式中所使用的數據的位置。

通過引用，可以在公式中使用工作表不同部分的數據，或者在多個公式中使用同一單元格的數值，常用的單元格引用分為相對引用、絕對引用和混合引用三種。此外還可以引用同一工作簿不同工作表的單元格、不同工作簿的單元格，甚至其他應用程序中的數據。

(一)引用的類型

1. 相對引用

如果公式使用的是相對引用，公式記憶的是源數據所在單元格與引用源數據的單元格的相對位置，當複製使用了相對引用的公式到別的單元格時，被粘貼公式中的引用將自動更新，數據源將指向與當前公式所在單元格位置相對應的單元格。在相對引用中，所引用的單元格地址的列坐標和行坐標前面沒有任何標示符號。Excel 默認使用的單元格引用是相對引用。

如圖 4-46 所示，在產品銷售情況表中，銷售金額＝單價×銷售數量。在單元

格 E5 中，輸入「＝C5＊D5」，Excel 即可自動計算並生成產品 A 的銷售金額。把該公式複製到單元格 E6 中，則公式變為「E6＝C6＊D6」，Excel 即自動計算並生成產品 B 的銷售金額。如圖4-47所示。

圖 4-46 「銷售金額」公式中的相對引用

圖 4-47 「銷售金額」公式自動計算結果

2.絕對引用

如果公式使用的是絕對引用，公式記憶的是源數據所在單元格在工作表中的絕對位置，當複製使用了絕對引用的公式到別的單元格時，被粘貼公式中的引用不會更新，數據源仍然指向原來的單元格。在絕對引用中，所引用的單元格地址的列坐標和行坐標前面分別加入標示符號「＄」。如果要使複製公式時數據源的位置不發生改變，應當使用絕對引用。

3.混合引用

混合引用是指所用單元格地址的行標與列標中有一個是相對引用，另一個是絕對引用。

如圖 4-48 所示，在產品銷售情況表中，利潤＝利潤率×銷售金額。其中銷售金額為相對引用，而利潤率必須絕對引用。在單元格 F5 中，輸入「＝E5＊＄F＄2」。把該公式複製到單元格 F6 中，得到「F6＝E6＊＄F＄2」。如圖 4-49 所示。

181

圖 4-48 「利潤」公式中的混合引用

圖 4-49 「利潤」公式自動計算結果

(二)輸入單元格引用

在公式中可以直接輸入單元格的地址引用單元格,也可以使用鼠標或鍵盤的方向鍵選擇單元格。單元格地址輸入後,通常使用以下兩種方法來改變引用的類型:

(1)在單元格地址的列標和行標前直接輸入「＄」符號。

(2)輸入完單元格地址後,重複按「F4」鍵選擇合適的引用類型。

(三)跨工作表單元格引用

跨工作表單元格引用是指引用同一工作簿裡其他工作表中的單元格,又稱為三維引用,需要按照以下格式進行跨表引用:

工作表名!數據源所在單元格地址

某公司 4 月份的產品銷售情況表,如圖 4-50 所示,現需在編製 A 產品第二季度的銷售情況表時引用該表數據。在 A 產品第二季度的銷售情況表的單元格 B3 中,輸入「＝4月份產品銷售情況表!D5」,即可引入 A 產品在 4 月份的銷售數量。如圖 4-51 所示。

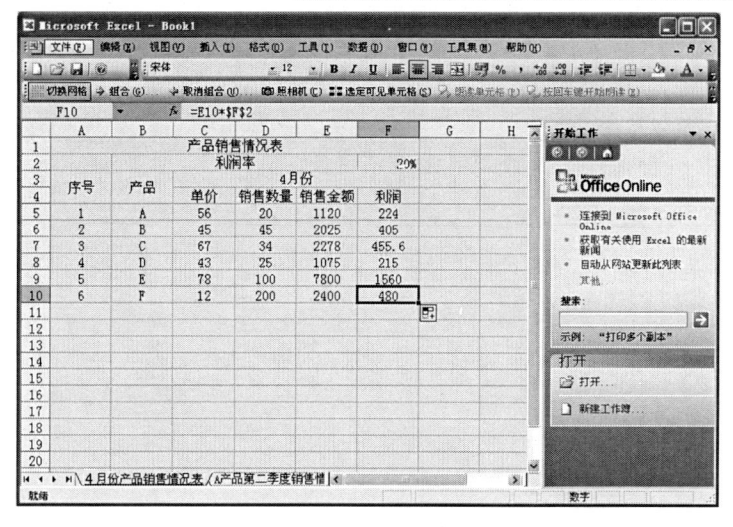

圖 4-50　產品銷售情況表

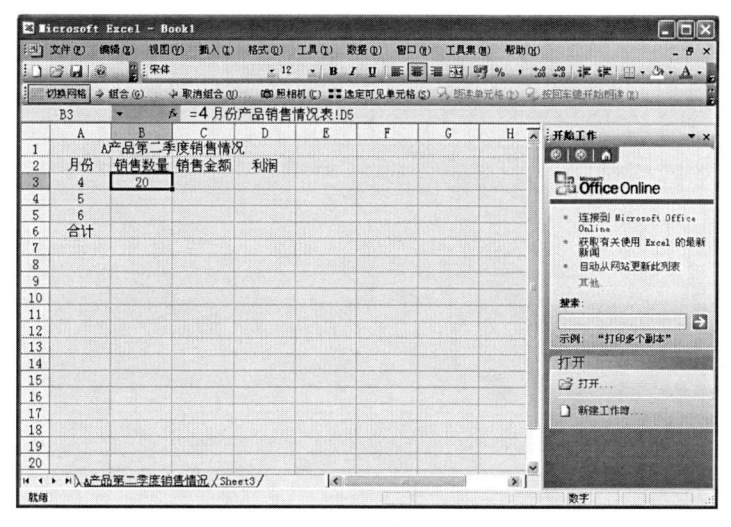

圖 4-51　跨工作表單元格引用

(四)跨工作簿單元格引用

跨工作簿單元格引用是指引用其他工作簿中的單元格，又稱為外部引用，需要按照以下格式進行跨工作簿引用：

[工作簿名]工作表名！數據源所在單元格地址

三、函數的應用

Excel 中，函數是預先編寫的公式，可以對一個或多個值執行運算，並返回一個

或多個值。函數可以簡化和縮短工作表中的公式,尤其在用公式執行很長或複雜的計算時。

函數的基本格式是:函數名(參數序列)。參數序列主要用於限定函數運算的各個參數,這些參數除中文外都必須使用英文半角字符。函數只能出現在公式中。

(一)常用函數

1. 統計函數

(1)MAX(number1,number2,…),用於返回數值參數中的最大值,忽略參數中的邏輯值和文本。括號中的參數「number1,number2,…」用來表示計算最大值的一組參數。如圖4-52所示,統計A公司7月個人銷售額最大值的方法是在單元格G2中輸入公式「=MAX(D2:D8)」。

(2)MIN(number1,number2,…),用於返回數值參數中的最小值,忽略參數中的邏輯值和文本。如圖4-52所示,求銷售額最小值,在單元格G3中輸入公式「=MIN(D2:D8)」。

圖 4-52 最大值函數計算過程示意圖

(3)SUM(number1,number2,…),用於計算單元格區域中所有數值的和。如圖4-52所示,求A公司總的銷售額,在單元格G4中輸入公式「=SUM(D2:D8)」。

(4)SUMIF(range,criteria,sum_range),用於對滿足條件的單元格求和。

括號中的參數range為用於條件判斷的單元格區域,criteria是由數字、邏輯表達式等組成的判定條件,sum_range為需要求和的單元格、區域或引用。

如圖4-53所示,統計男員工的銷售額,在單元格G5中輸入公式「=SUMIF(C2:C8,"男",D2:D8)」。如果要求總計大於1 000的銷售額,則公式為「=SUMIF(D2:D8,">1 000",D2:D8)」。

圖 4-53　**SUMIF** 函數計算過程示意圖

（5）AVERAGE（number1，number2，…）用於返回參數的算術平均值。如圖 4-54 所示，統計平均銷售額，在單元格 G6 中輸入公式「＝AVERAGE(D2:D8)」。

（6）AVERAGEIF（range，criteria，average_range），用於返回某個區域內滿足給定條件的所有單元格的算術平均值，與 SUMIF 函數類似。

如圖 4-54 所示，統計男員工平均銷售額，在單元格 G7 中輸入的公式為「＝AVERAGEIF(C2:C8,"男",D2:D8)」。

（7）COUNT（value1，value2，…），用於計算包含數字的單元格以及參數列表中數字的個數。如圖 4-54 所示，統計員工人數，在單元格 G8 中輸入公式「＝COUNT(A2:A8)」。

（8）COUNTIF（range，criteria），用於對區域中滿足單個指定條件的單元格進行計數。如圖 4-54 所示，統計男員工人數，在單元格 G9 中輸入公式「＝COUNTIF(C2:C8,"男")」。

圖 4-54　**COUNTIF** 函數計算過程示意圖

2.文本函數

（1）LEN（text），用於返回文本字符串中的字符數。括號中的參數 text 表示待要查找其長度的文本。如圖 4-55 所示，在單元格 B1 中輸入「＝LEN（A1）」即可返回 A1 單元格中文本字符串的個數。

圖 4-55　LEN 函數計算過程示意圖

（2）RIGHT（text，num_chars），用於從文本字符串中最後一個字符開始返回指定個數的字符。參數 text 是包含要提取字符的文本串；num_chars 指定希望 RIGHT 提取的字符數，它必須大於或等於 0。如果 num_chars 大於文本長度，則 RIGHT 返回所有文本。如果忽略 num_chars，則假定其為 1。

如圖 4-56 所示，提取 A 公司固定電話後 7 位，在單元格 D2 中輸入公式「＝RIGHT（B2，7）」。

圖 4-56　RIGHT 函數計算過程示意圖

（3）MID（text，start_num，num_chars），用於返回文本字符串中從指定位置開始的指定數目的字符。參數 text 是包含要提取字符的文本串。start_num 是文本中要提取的第一個字符的位置，文本中第一個字符的 start_num 為 1，以此類推；num_chars 指定希望 MID 從文本中返回字符的個數。

如圖 4-57 所示，根據員工的身分證號碼提取生日信息。求員工張三的生日，在單元格 D2 中輸入公式「＝MID（C2，7，8）」。

圖 4-57　MID 函數計算過程示意圖

（4）LEFT(text,num_chars)，用於返回文本字符串中第一個字符開始至指定個數的字符。

如圖 4-56 所示，提取 A 公司區號，在單元格 C2 中輸入公式「＝LEFT(B2,4)」。

3. 邏輯函數 IF

IF(logical_test,value_if_true,value_if_false)用於判斷「logical_test」的內容是否為真，如果為真則返回「value_if_true」，如果為假則返回「value_if_false」的內容。

參數 logical_test 計算結果為 TRUE 或 FALSE 的任何數值或表達式。value_if_true是 logical_test 為 TRUE 時函數的返回值，如果 logical_test 為 TRUE 並且省略了 value_if_true，則返回 TRUE。value_if_true 可以是一個表達式；value_if_false是 logical_test 為 FALSE 時函數的返回值。如果 logical_test 為 FALSE 並且省略 value_if_false，則返回 FALSE。value_if_false 也可以是一個表達式。

如圖 4-58 所示，計算 A 公司的員工是否完成計劃的銷售額，在單元格 F2 中輸入「＝IF(D2＞＝E2,"完成","未完成")」。

圖 4-58　IF 函數計算過程示意圖

4.查找與引用函數

(1)LOOKUP 函數,用於返回向量(單行區域或單列區域)或數組中的數值。它具有兩種語法形式:向量形式和數組形式。

向量形式:LOOKUP(lookup_value,lookup_vector,result_vector)用於在單行區域或單列區域(稱為「向量」)中查找值,然後返回第二個單行區域或單列區域中相同位置的值。

參數 lookup_value 為函數 lookup 在第一個向量中所要查找的數值,lookup_value 可以為數字、文本、邏輯值或包含數值的名稱或引用;lookup_vector 為只包含一行或一列的區域,lookup_vector 的數值可以為文本、數字或邏輯值。

如圖 4-59 所示,查找工號為 104 員工的工資,在單元格 C11 中輸入的公式為「=LOOKUP(A11,A2:A8,D2:D8)」。

圖 4-59　LOOKUP 函數計算過程示意圖

數組形式:數組是指用於建立可生成多個結果或可對在行和列中排列的一組參數進行運算的單個公式。數組區域共用一個公式,數組常量是用作參數的一組常量。LOOKUP(lookup_value,array)用於在數組的第一行或第一列中查找指定的值,並返回數組最後一行或最後一列內同一位置的值。

lookup_value 為函數 lookup 在數組中所要查找的數值。lookup_value 可以為數字、文本、邏輯值或包含數值的名稱或引用。如果函數 lookup 找不到 lookup_value,則使用數組中小於或等於 lookup_value 的最大數值。array 為包含文本、數字或邏輯值的單元格區域,它的值用於與 lookup_value 進行比較。

如圖 4-60 所示,在 A10 單元格輸入公式「=LOOKUP(104,A2:G8)」,將返回最後一列同一位置的值 2 700。

第四章 電子表格軟件在會計中的應用

圖 4-60 LOOKUP 數組形式的應用

（2）INDEX(array, row_num, column_num)，用於返回表格或數組中的元素值，此元素由行號和列號的索引值給定。

參數 array 為單元格區域或數組常數。row_num 為數組中某行的行序號，函數從該行返回數值。如果省略 row_num，則必須有 column_num。column_num 是數組中某列的列序號，函數從該列返回數值。如果省略 column_num，則必須要有 row_num。

如圖 4-61 所示，公式「＝INDEX(A1:G8,4,4)」表示返回 A1:G8 區域中第四行第四列的值，結果為 3 090。如果要根據工號和月份直接查找出工資的值，則 INDEX 函數需要與 MATCH 函數（詳見 MATCH 函數）配合使用。如圖 4-62 所示，在單元格 B12 中輸入「＝INDEX(A1:G8,MATCH(B10,A1:A8,0),MATCH(B11,A1:G1,0))」即可求出工號為 103 的員工 2 月的工資。

圖 4-61 INDEX 函數計算過程示意圖

圖 4-62 INDEX 函數與 MATCH 函數配合使用示意圖

189

(3)MATCH(lookup_value,lookup_array,match_type),用於在單元格區域中搜索指定項,然後返回該項在單元格區域中的相對位置。

參數 lookup_value 為需要在數據表中查找的數值,它可以是數值(或數字、文本或邏輯值),對數字、文本或邏輯值的單元格引用。lookup_array 可以是數組或數組引用,match_type 為數字－1、0 或 1,它說明 Excel 如何在 lookup_array 中查找 lookup_value。如果 match_type 為 1,函數 MATCH 查找小於或等於 lookup_value 的最大數值。如果 match_type 為 0,函數 MATCH 查找等於 lookup_value 的第一個數值。如果 match_type 為－1,函數 MATCH 查找大於或等於 lookup_value 的最小數值。

如圖 4-63 所示,查找 3 月工資等於 3 000 的位置,輸入公式「＝MATCH(3 000,E2:E8,0)」,返回區域 E2:E8 中等於 3 000 的值的位置 4。

圖 4-63　MATCH 函數使用計算過程示意圖

5.日期與時間函數

(1)YEAR(serial_number),用於返回某日期對應的年份。serial_number 為一個日期值,其中包括要查找年份的日期。如圖 4-64 所示,在單元格 B2 中輸入公式「＝YEAR(A2)」,即可返回單元格 A2 中日期的哪一年的值。注意 A2 單元格的格式必須是日期的格式。

圖 4-64　日期與時間函數的應用

(2)MONTH(serial_number),用於返回某日期對應的月份,介於 1～12 之間。如圖 4-64 所示,在 C2 單元格中輸入公式「＝MONTH(A2)」,即可返回單元格 A2

中日期的哪一月的值。

（3）DAY(serial_number)，用於返回某日期對應的天數，介於1～31之間。如圖4-64所示，在D2單元格中輸入公式「＝DAY(A2)」，即可返回單元格A2中日期的哪一天的值。

（4）NOW( )，用於返回當前的日期和時間。如圖4-65所示，輸入公式「＝NOW( )」即可返回系統當前的日期和時間。

圖4-65　NOW函數的應用

(二)基本財務函數

1. SLN

SLN(cost,salvage,life)用於返回某項資產以直線法計提的每一期的折舊值。

cost是必需參數，指固定資產原值。salvage是必需參數，指固定資產的殘值。life是必需參數，指固定資產的折舊期數。如圖4-66所示，採用直線法對設備1計提折舊，公式為「＝SLN(B2,D2,C2)」。

圖4-66　直線法計提折舊

2. DDB

DDB(cost,salvage,life,period,factor)用於使用雙倍餘額遞減法或其他指定的方法，計算一項固定資產在給定期間內的折舊值。

cost是必需參數，指固定資產原值。salvage是必需參數，指固定資產的殘值。

191

life 是必需參數,指固定資產的折舊期數。period 是必需參數,指需要計算折舊值的期間。period 必須使用與 life 相同的單位。factor 是可選參數,指餘額遞減速率。如果 factor 被省略,則默認為 2,即使用雙倍餘額遞減法。

如圖 4-67 所示,採用雙倍餘額遞減法對設備 1 計提折舊,公式為「＝DDB(B2,D2,C2,E2)」。

圖 4-67　雙倍餘額遞減法計提折舊

3. SYD

SYD(cost,salvage,life,per)用於返回某項資產按年限總和折舊法計算的在第「per」期的折舊值。cost 是必需參數,指固定資產原值。salvage 是必需參數,指固定資產的殘值。life 是必需參數,指固定資產的折舊期數。per 是必需參數,指第幾期,其單位必須與 life 相同。如圖 4-68 所示,採用年限總和法對設備 1 計提折舊,公式為「＝SYD(B2,D2,C2,E2)」。

圖 4-68　年限總和法計提折舊

[考題例證‧單選]下列屬於基本財務函數 DDB 用途的是(　　)。

A. 在單元格區域中搜索指定項,然後返回該項在單元格區域中的相對位置

B. 使用雙倍餘額遞減法或其他指定的方法,計算一項固定資產在給定期間內的折舊值

C. 返回某項資產按年數總和折舊法計算的在第「per」期的折舊值

D. 返回某項資產以直線法計提的每一期的折舊值

[答案]　B

［考題例證・多選］ 以下可以用於計算折舊的常用會計函數有（　　）。

A. DDB　　　　B. SLN　　　　C. SYD　　　　D. IF

【答案】 ABC

［考題例證・多選］ Excel 中，公式是由（　　）組成的。

A.「＝」　　　B. 運算符　　　C. 運算體　　　D. 結果

【答案】 ABC

［考題例證・多選］ Excel 中，單元格的引用主要有（　　）。

A. 相對引用　　B. 絕對引用　　C. 加標註引用　　D. 混合引用

【答案】 ABD

［考題例證・多選］ 在 DDB 財務函數中，以下（　　）參數是必選項。

A. cost　　　　B. salvage　　　C. life　　　　D. factor

【答案】 ABC

［考題例證・判斷］ Excel 根據公式自動進行智能運算的結果默認顯示在該公式所在的編輯欄裡，單元格相應顯示公式表達式的完整內容。（　　）

【答案】 ×

第四節　數據清單及其管理分析

一、數據清單的構建

（一）數據清單的概念

Excel 中，數據庫是通過數據清單或列表來實現的。

數據清單是一種包含一行列標題和多行數據且每行同列數據的類型和格式完全相同的 Excel 工作表。

數據清單中的列對應數據庫中的字段，列標志對應數據庫中的字段名稱，每一行對應數據庫中的一條記錄。

（二）構建數據清單的要求

為了使 Excel 自動將數據清單當作數據庫，構建數據清單的要求如下所示：

(1) 列標志應位於數據清單的第一行，用以查找和組織數據、創建報告。

(2) 同一列中各行數據項的類型和格式應當完全相同。

(3) 避免在數據清單中間放置空白的行或列，但需將數據清單和其他數據隔開

時,應在它們之間留出至少一個空白的行或列。

(4)盡量在一張工作表上建立一個數據清單。

二、記錄單的使用

(一)記錄單的概念

記錄單又稱為數據記錄單,是快速添加、查找、修改或刪除數據清單中相關記錄的對話框。

「記錄單」對話框左半部從上到下依次列示數據清單第一行從左到右依次排列的列標志,以及待輸入數據的空白框;右半部從上到下依次是「記錄狀態」顯示區和「新建」「刪除」「還原」「上一條」「下一條」「條件」「關閉」等按鈕。

(二)通過記錄單處理數據清單的記錄

1. 通過記錄單處理記錄的優點

通過記錄單處理記錄的優點主要有界面直觀、操作簡單、減少數據處理時行列位置的來回切換,避免輸入錯誤,特別適用於大型數據清單中記錄的核對、添加、查找、修改或刪除。

2. 「記錄單」對話框的打開

打開「記錄單」對話框(如圖 4-69 所示)的方法是輸入數據清單的列標志後,選中數據清單的任意一個單元格,點擊「數據」菜單中的「記錄單」命令。

圖 4-69 「記錄單」對話框

Excel 2013 的數據功能區中儘管沒有「記錄單」命令,但可通過依次按擊快捷鍵「Alt+D」「Alt+O」來打開,或者通過單擊以定義方式添入「快速訪問工具欄」中

的「記錄單」按鈕來打開。

將「記錄單」按鈕添入「快速訪問工具欄」的方法是單擊「文件」選項卡標籤後,單擊「選項」按鈕(或單擊「快速訪問工具欄」右下角「自定義快速訪問工具欄」按鈕,單擊「其他命令」菜單),打開「Excel 選項」窗口,選定左側菜單中的「快速訪問工具欄」選項,進入「自定義快速訪問工具欄」對話框,在左側上部的「從下列位置選擇命令」對話框下拉列表中選定「不在功能區中的命令」選項,從其下面的列表框中移動右邊的向下滾動塊,選定「記錄單」選項,單擊「添加」按鈕,「記錄單」選項被添入右側的「自定義快速訪問工具欄」列表框(如圖 4-70 所示),單擊「確定」按鈕。

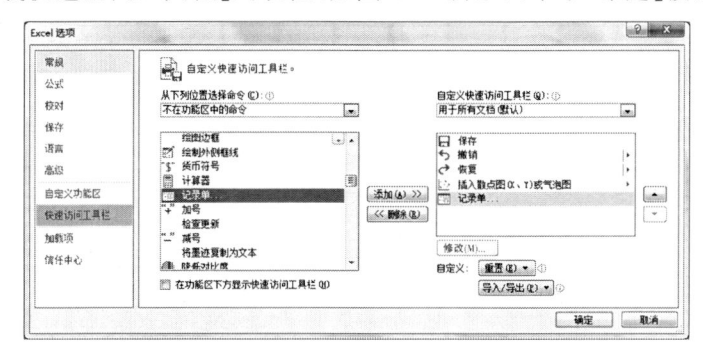

圖 4-70　將「記錄單」按鈕添入「快速訪問工具欄」

「記錄單」對話框打開後,只能通過「記錄單」對話框來輸入、查詢、核對、修改或者刪除數據清單中的相關數據,但無法直接在工作表的數據清單中進行相應的操作。

3. 在「記錄單」對話框中輸入新記錄

在「記錄單」對話框中輸入一條新記錄的方法是單擊「新建」按鈕,光標被自動移入第一個空白文本框,等待數據錄入。在第一個空白文本框內輸入相關數據後,按「Tab」鍵(不能按「Enter」鍵)或鼠標點擊第二個空白文本框,將光標移入第二個空白文本框(按「Shift＋Tab」快捷鍵則移入上一個文本框),等待數據錄入,以下類推。

輸完一條記錄的所有空白文本框後,按下「Enter」鍵或上下光標鍵確認,該條記錄將被加入數據清單的最下面,光標被自動移入下一條記錄的第一個空白文本框,等待新數據的錄入。

在數據錄入過程中,如果發現某個文本框中的數據錄入有誤,可將光標移入該文本框,直接進行修改;如果發現多個文本框中的數據錄入有誤,不便逐一修改,可通過單擊「還原」按鈕放棄本次確認前的所有輸入,光標將自動移入第一個空白文

本框,等待數據錄入。

所有記錄輸入完畢,單擊「關閉」按鈕,退出「記錄單」對話框並保存退出前所輸入的數據。

4. 利用「記錄單」對話框查找特定單元格

利用「記錄單」對話框查找特定單元格的方法是單擊「條件」按鈕,該按鈕變為「表單」,對話框中所有列後文本框中的數據都被清空,光標自動移入第一個空白文本框,等待鍵入查詢條件(如圖 4-71 所示)。鍵入查詢條件後,單擊「下一條」按鈕或「上一條」按鈕(或上下光標鍵)進行查詢,符合條件的記錄將分別出現在該對話框相應列後的文本框中,「記錄狀態」顯示區相應顯示該條記錄的次序數以及數據清單中記錄的總條數。這種方法尤其適合於具有多個查詢條件的查詢中,只要在對話框多個列名後的文本框內同時輸入相應的查詢條件即可。

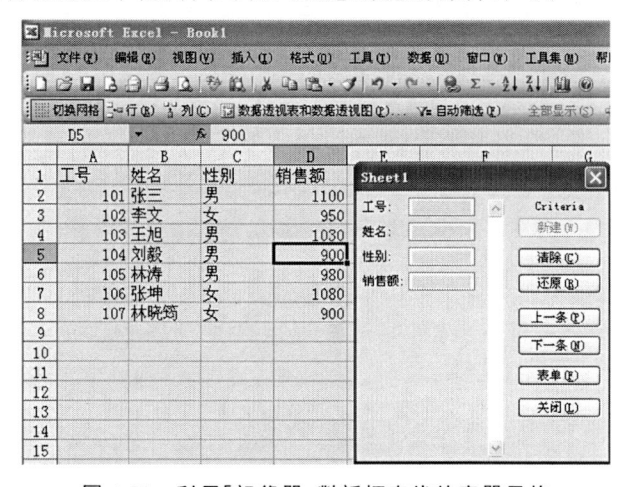

圖 4-71　利用「記錄單」對話框查找特定單元格

5. 利用「記錄單」對話框核對或修改特定記錄

利用「記錄單」對話框核對或修改特定記錄的方法是查找到待核對或修改的記錄後,在對話框相應列後文本框中逐一核對或修改,修改完畢後按「Enter」鍵或單擊「新建」「上一條」「下一條」「條件」「關閉」等按鈕或上下光標鍵確認。在確認修改前,「還原」按鈕處於激活狀態,可通過單擊「還原」按鈕放棄本次確認前的所有修改。

6. 利用「記錄單」對話框刪除特定記錄

利用「記錄單」對話框刪除特定記錄的方法是查找到待修改的記錄,單擊「刪除」按鈕,彈出「顯示的記錄將被刪除」的提示框,單擊「確定」按鈕,即可刪除找到的

記錄。記錄刪除後無法通過單擊「還原」按鈕來撤銷。

三、數據的管理與分析

在數據清單下,可以執行排序、篩選、分類匯總、插入圖表和數據透視表等數據管理和分析功能。

(一)數據的排序

數據的排序是指在數據清單中,針對某些列的數據,通過「數據」菜單或功能區中的排序命令來重新組織行的順序。

1.快速排序

使用快速排序的操作步驟:

(1)在數據清單中選定需要排序的各行記錄。

(2)執行工具欄或功能區中的排序命令。Excel 2003 中,單擊工具欄中的「升序」或「降序」按鈕(如圖 4-72 所示);Excel 2013 中,單擊「數據」功能區選項卡,單擊「排序和篩選」功能組中的「升序」或「降序」命令按鈕(如圖 4-73 所示)。

圖 4-72　Excel 2003 快速排序

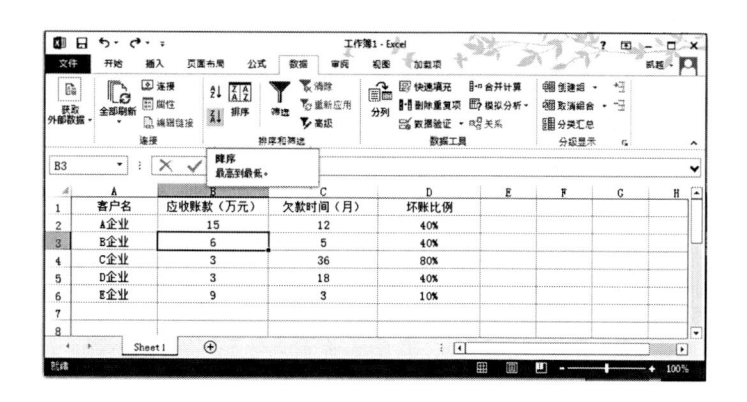

圖 4-73　Excel 2013 快速排序

需要注意的是，如果數據清單由單列組成，即使不執行第一步，只要選定該數據清單的任意單元格，直接執行第二步，系統都會自動排序；如果數據清單由多列組成，應避免不執行第一步而直接執行第二步的操作，否則數據清單中光標所在列的各行數據將被自動排序，但每一記錄在其他各列的數據並未隨之相應調整，記錄將會出現錯行的錯誤。

2.自定義排序

使用自定義排序的操作步驟：

(1)在「數據」菜單或功能區中打開「排序」對話框。Excel 2003 中，單擊「數據」菜單，選定「排序」命令(如圖4-74所示)，打開「排序」對話框(如圖4-75所示)；Excel 2013中依次單擊「數據」功能選項卡和「排序和篩選」功能組中的「排序」命令按鈕，打開「排序」對話框(如圖4-76所示)。

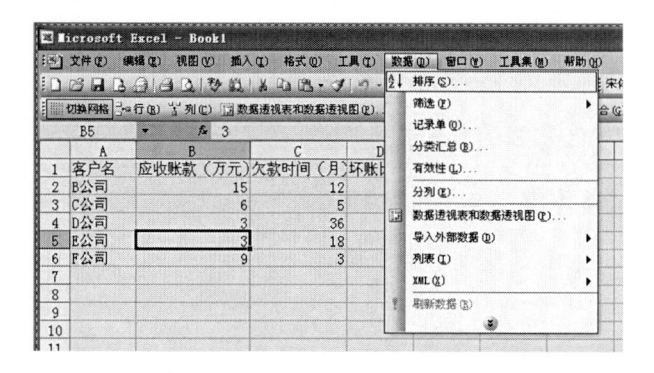

圖4-74　Excel 2003 排序功能

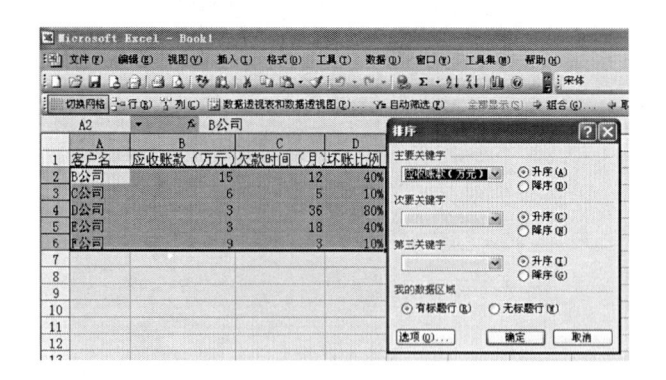

圖4-75　Excel 2003 中打開「排序」對話框

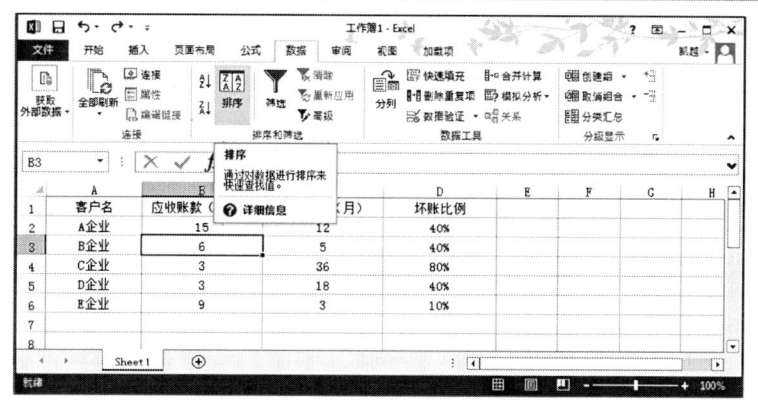

图 4-76　Excel 2013 中自定義排序

(2)在「排序」對話框中選定排序的條件、依據和次序。在 Excel 2003 的「排序」對話框中,可分別從「主要關鍵字」「次要關鍵字」「第三關鍵字」下拉對話框列出的「關鍵字」中選定排序的條件;從「升序」或「降序」選項按鈕中選定排序的次序(如圖 4-75 所示)。Excel 2013「排序」對話框中,不僅可以通過點擊「添加條件」按鈕來添加多個「次要關鍵字」作為排序的條件,而且可以在「排序依據」下拉對話框中選擇「數值」「單元格顏色」「字體顏色」或「單元格圖標」作為排序的依據(如圖 4-77 所示)。

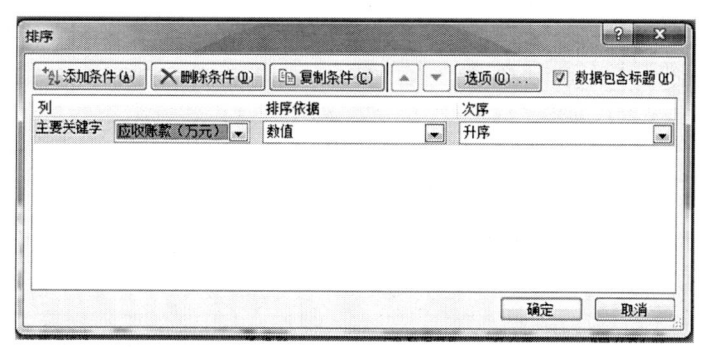

圖 4-77　Excel 2013 排序對話框

(二)數據的篩選

數據的篩選是指利用「數據」菜單中的「篩選」命令對數據清單中的指定數據進行查找和其他工作。

篩選後的數據清單僅顯示那些包含了某一特定值或符合一組條件的行,暫時隱藏其他行。通過篩選工作表中的信息,用戶可以快速查找數值。用戶不但可以利用篩選功能控制需要顯示的內容,而且還能夠控制需要排除的內容。

199

1. 快速篩選

使用快速篩選的操作步驟：

(1)在數據清單中選定任意單元格或需要篩選的列。

(2)執行「數據」菜單或功能區中的「篩選」命令，第一行的列標示單元格右下角出現向下的三角圖標。Excel 2003 中，單擊「數據」菜單後，進入「篩選」子菜單，選定「自動篩選」菜單命令（如圖 4-78 所示）；Excel 2013 中，依次單擊「數據」功能區選項卡、「排序和篩選」組中的「篩選」命令按鈕（如圖 4-79 所示）。

(3)單擊適當列的第一行，在彈出的下拉列表中取消勾選「全選」，勾選篩選條件，單擊「確定」按鈕可篩選出滿足條件的記錄。

2. 高級篩選

使用高級篩選的操作步驟：

(1)編輯條件區域。

(2)打開「高級篩選」對話框。Excel 2003 中，單擊「數據」菜單後，進入「篩選」子菜單，選定「高級篩選」菜單命令（如圖 4-78 所示）；Excel 2013 中，依次單擊「數據」功能選項卡、「排序和篩選」功能組中「高級」命令按鈕（如圖 4-79 所示）。

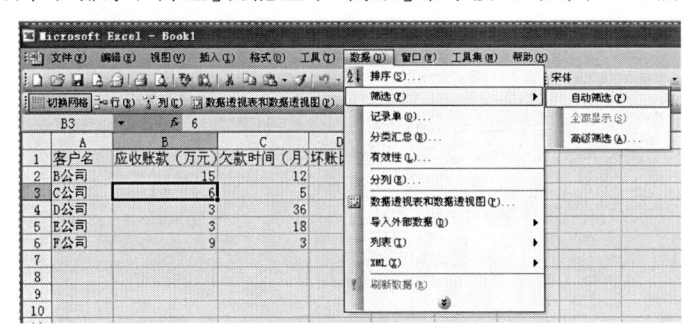

圖 4-78　Excel 2003 快速篩選

圖 4-79　Excel 2013 快速篩選

(3)選定或輸入「列表區域」和「條件區域」，單擊「確定」按鈕（如圖 4-80 所示）。

圖 4-80　Excel 2013 選定或輸入「列表區域」和「條件區域」

3. 清除篩選

對經過篩選後的數據清單進行第二次篩選時，之前的篩選將被清除。

(三) 數據的分類匯總

數據的分類匯總是指在數據清單中按照不同類別對數據進行匯總統計。分類匯總採用分級顯示的方式顯示數據，可以收縮或展開工作表的行數據或列數據，實現各種匯總統計。

1. 創建分類匯總

創建分類匯總的操作步驟：

(1)確定數據分類依據的字段，將數據清單按照該字段排序。

(2)排序完成後，在數據菜單或功能區中打開「分類匯總」對話框。Excel 2003 中，單擊「數據」按鍵，選定「分類匯總」菜單命令；Excel 2013 中，依次單擊「數據」「分級顯示」功能組中的「分類匯總」命令按鈕（如圖 4-81 所示）。

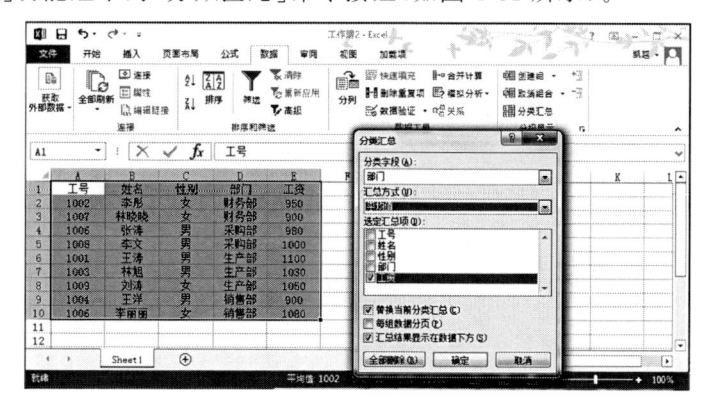

圖 4-81　Excel 2013 打開「分類匯總」對話框

(3)在「分類字段」下拉列表中選擇分類依據的字段名,設置採用的「匯總方式」和「選定匯總項」的內容,單擊「確認」按鈕後完成設置。

數據清單將以選定的「匯總方式」按照「分類字段」分類統計,將統計結果記錄到選定的「選定匯總項」列下,同時可以通過單擊級別序號實現分級查看匯總結果,如圖 4-82 所示。

圖 4-82　Excel 2013 分類匯總結果

2. 清除分類匯總

打開「分類匯總」對話框後,單擊「全部刪除」按鈕即可取消分類匯總。

(四)數據透視表的插入

數據透視表是根據特定數據源生成的,可以動態改變其版面佈局的交互式匯總表格。數據透視表不僅能夠按照改變後的版面佈局自動重新計算數據,而且能夠根據更改後的原始數據或數據源來刷新計算結果。

1. 數據透視表的創建

Excel 2003 中,創建數據透視表的操作步驟:

(1)打開需要創建數據透視表的工作簿。如果需要通過 Excel 數據清單或數據庫建立報表,可以選中數據清單或數據庫中的任意單元格。

(2)單擊「數據」菜單中的「數據透視表和數據透視圖…」命令項,接著按「數據透視表和數據透視圖向導」提示進行操作,如圖4-83所示,具體步驟如下:

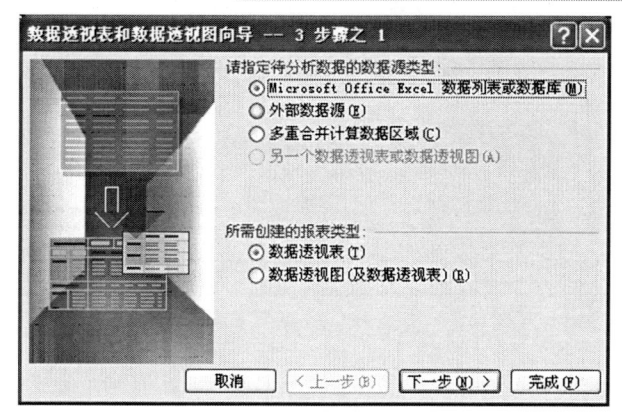

第四章　電子表格軟件在會計中的應用

圖 4-83　Excel 2003 數據透視表和數據透視圖向導

在彈出的「步驟之 1」對話框中的「請指定待分析數據的數據源類型」中選擇「Microsoft Office Excel 數據列表或數據庫」項；在「所需創建的報表類型」中選擇「數據透視表」項，然後單擊「下一步」按鈕。

在彈出的「步驟之 2」對話框中核對系統自動定位到選中的區域是否正確（如圖 4-84 所示），如果不正確或未選中，在對話框中輸入數據源地址或者用鼠標點選數據源區域，單擊「下一步」按鈕。

圖 4-84　Excel 2003 核對系統自動定位到選中的區域是否正確

在彈出的「步驟之 3」對話框中的「數據透視表顯示位置」中選擇「新建工作表」，單擊「完成」按鈕。如圖 4-85 所示。

203

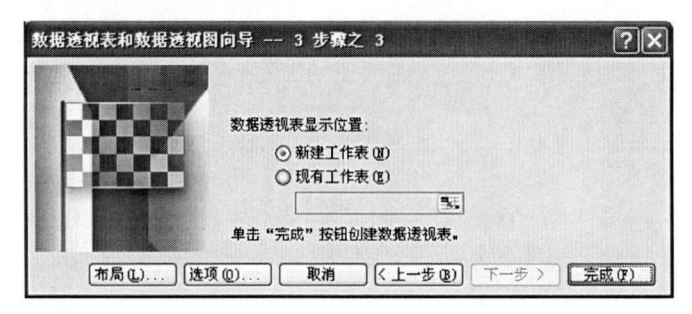

圖 4-85　Excel 2003 數據透視表顯示位置

(3)將自動生成的「數據透視表字段列表」中的各字段和數據項拖至數據透視表佈局框架中的適當位置,自動生成相應版面佈局的報表。數據透視表的佈局框架由頁字段、行字段、列字段和數據項等要素構成,可以通過需要選擇不同的頁字段、行字段、列字段,設計出不同結構的數據透視表。如圖 4-86 所示。

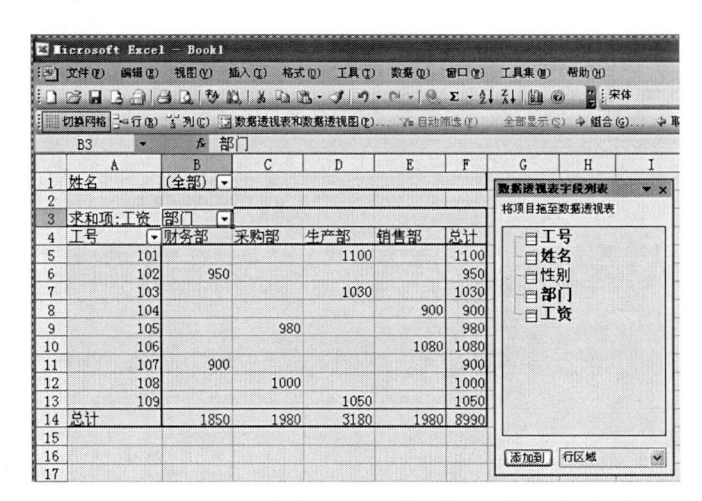

圖 4-86　Excel 2003 通過拖動各字段和數據項生成數據透視表

2.數據透視表的設置

(1)重新設計版面佈局。在數據透視表佈局框架中選定已拖入的字段、數據項,將其拖出,將「數據透視表字段列表」中的字段和數據項重新拖至數據透視表框架中的適當位置,報表的版面佈局立即自動更新。

(2)設置值的匯總依據。值的匯總依據有求和、計數、平均值、最大值、最小值、乘積、數值計數、標準偏差、總體偏差、方差和總體方差。

Excel 2003 中，可通過右鍵單擊數據透視表的「計數項」單元格，選擇「字段設置」（如圖 4-87 所示），打開「數據透視表字段」對話框，選擇「匯總方式」中的一種（如圖 4-88 所示）；Excel 2013 中，可通過右鍵單擊數據透視表的「計數項」單元格，在「值匯總依據」菜單中選定其中一種（如圖 4-89 所示）。

圖 4-87　Excel 2003 設置值的匯總依據

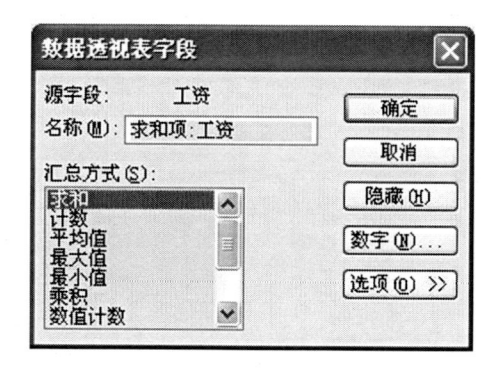

圖 4-88　Excel 2003「數據透視表字段」對話框

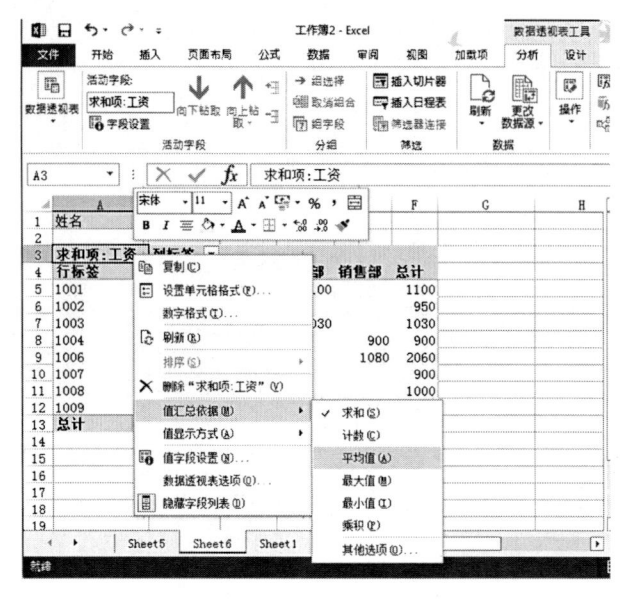

圖 4-89　Excel 2013 設置值的匯總依據

（3）設置值的顯示方式。值的顯示方式有無計算、百分比、升序排列、降序排列等，Excel 2013 中，可通過右鍵單擊數據透視表的「計數項」單元格，在「值顯示方式」菜單中選定其中一種。如圖4-90所示。

圖 4-90　Excel 2013 設置值的顯示方式

（4）進行數據的篩選。分別對報表的行和列進行數據的篩選，系統會根據條件自行篩選出符合條件的數據列表。

(5)設定報表樣式。數據透視表中,既可通過單擊「自動套用格式」(適用於 Excel 2003,單擊「格式」菜單後進入)或「套用報表格式」(適用於 Excel 2013)按鈕選用系統自帶的各種報表樣式,也可通過設置單元格格式的方法自定義報表樣式。

(五)圖表的插入

Excel 2003 中,插入圖表的操作步驟:

(1)打開 Excel 文件,框選需要生成圖表的數據清單、列表或者數據透視表。

(2)選擇「插入」菜單中的「圖表」菜單(如圖 4-91 所示),並點擊「下一步」按鈕(如圖 4-92 所示)。

圖 4-91　Excel 2003 選擇「插入」菜單中的「圖表」菜單

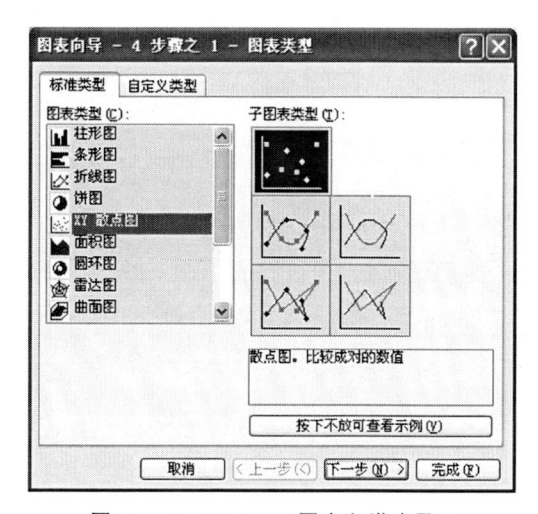

圖 4-92　Excel 2003 圖表向導步驟 1

(3)選擇圖表源數據,由於第一步已經選擇,此處可直接點擊「下一步」(如圖 4-93所示)。

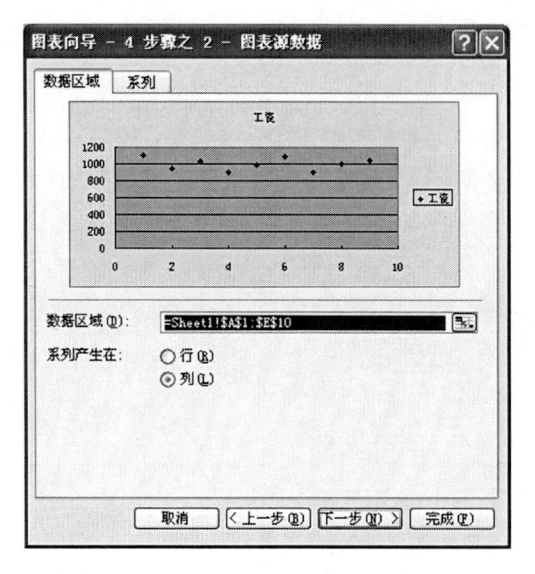

圖 4-93 Excel 2003 圖表向導步驟 2

(4)輸入圖表標題和各軸所代表的數據含義(默認為沒有,如圖 4-94 所示)。

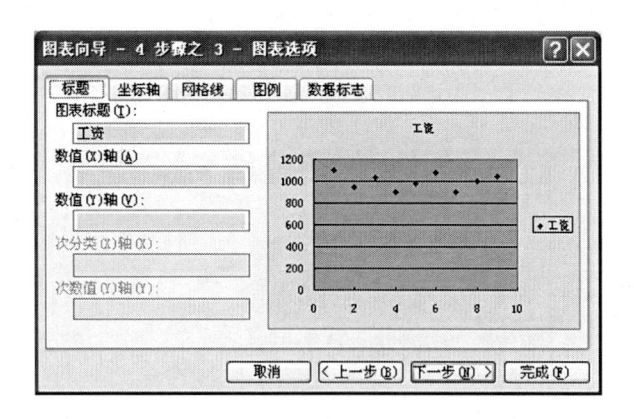

圖 4-94 Excel 2003 輸入圖表標題和各軸所代表的數據的含義

(5)給圖表加上網格線(默認為沒有,如圖 4-95 所示)。

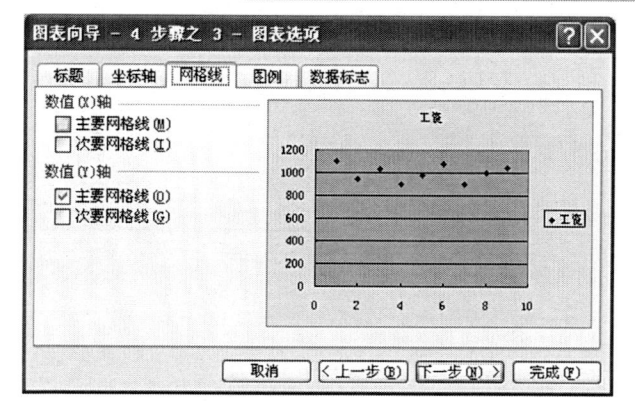

第四章　電子表格軟件在會計中的應用

圖 4-95　Excel 2003 給圖表加上網格線

（6）選擇圖例所在的位置（默認為靠右），設置完成後，點擊「下一步」（如圖 4-96 所示）。

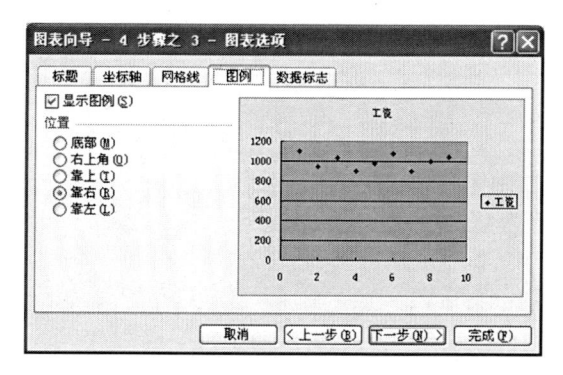

圖 4-96　Excel 2003 選擇圖例所在的位置

（7）選擇插入的位置，默認為當前的頁（如圖 4-97 所示）。

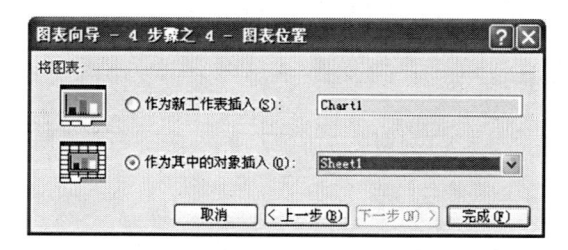

圖 4-97　Excel 2003 選擇圖表插入的位置

（8）根據工作需要調整圖表的大小，將圖表拖動到 Excel 中合適的位置（如圖 4-98 所示）。

209

會 計 電 算 化

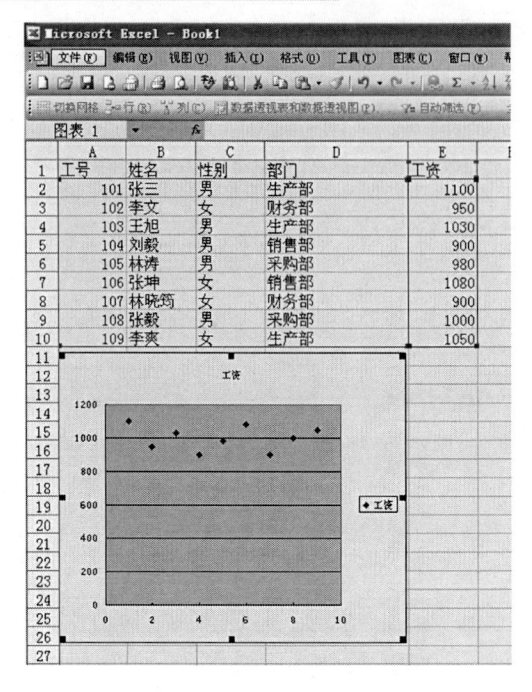

圖 4-98　Excel 2003 插入圖表結果

(9) 保存 Excel 文件。

Excel 2013 中，插入圖表的操作步驟為：

(1) 打開 Excel 文件，框選需要生成圖表的數據清單、列表或者數據透視表。

(2) 選擇「插入」選項卡上「圖表」組中的圖表類型（如圖 4-99 所示）。

圖 4-99　Excel 2013「插入」選項卡上「圖表」組

（3）Excel 界面上出現一個空白框（如圖 4-100 所示），雙擊該空白框，打開「選擇數據源」對話框（如圖 4-101 所示）。

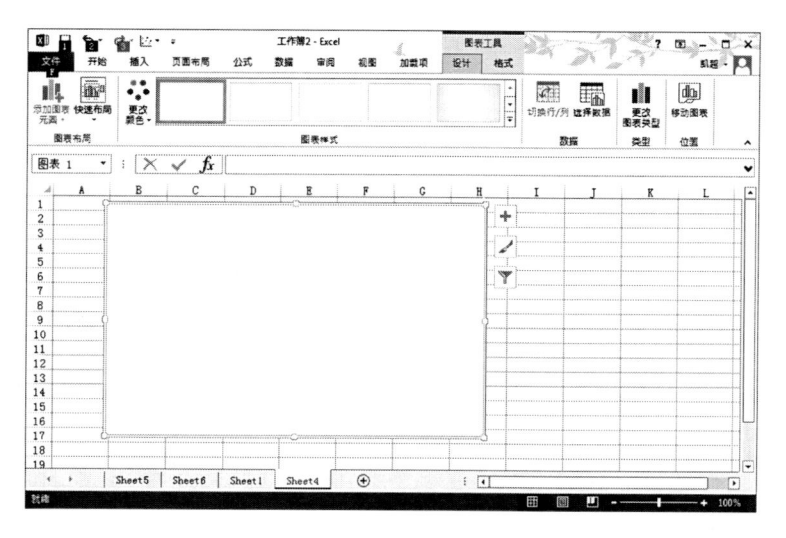

圖 4-100　Excel 2013 圖表空框

（4）選擇圖表數據源，由於第一步已經選擇，可直接點擊「確定」（如圖 4-101 所示）。

（5）給圖表加上網絡線（如圖 4-102 所示）。

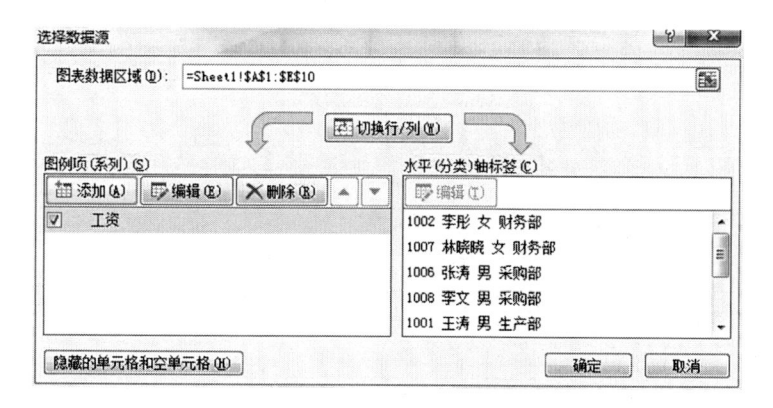

圖 4-101　Excel 2013「選擇數據源」對話框

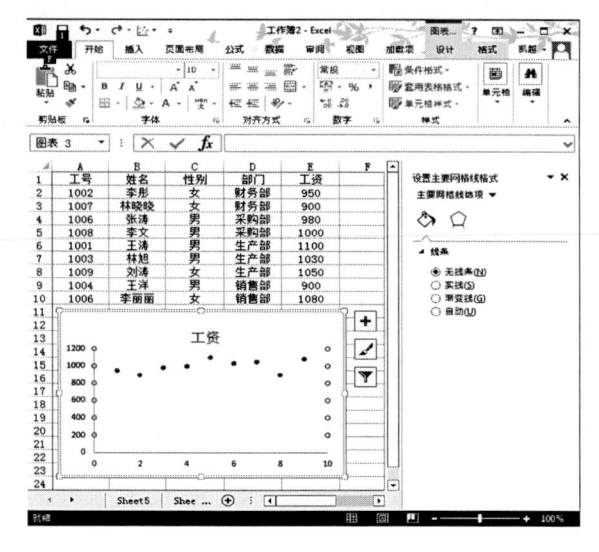

圖 4-102　Excel 2013 給圖表加上網絡線

（6）根據需要調整圖表的大小，並將圖表拖動到 Excel 適當位置（如圖 4-103 所示）。

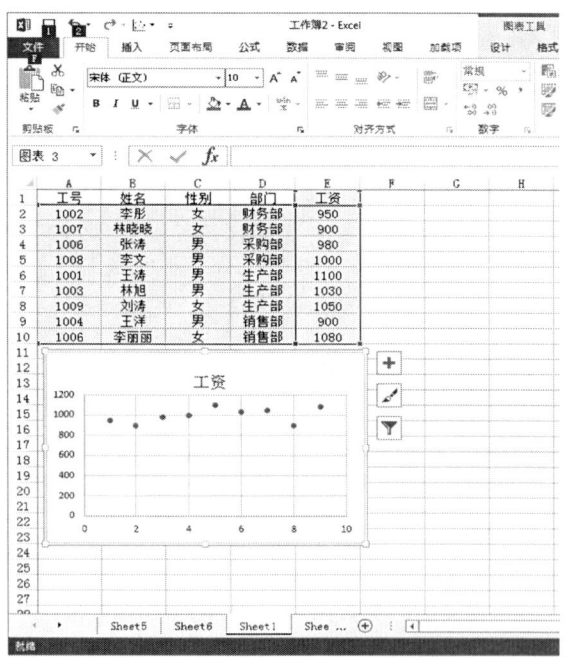

圖 4-103　Excel 2013 插入圖表結果

（7）保存 Excel。

[考題例證·單選] 數據清單中的列、列標志、每一行分別對應（　　）。

A. 數據庫中的字段、數據庫中的字段名稱、數據庫中的一條記錄

B. 數據庫中的字段名稱、數據庫中的字段、數據庫中的記錄

C. 數據庫中的記錄、數據庫中的字段、數據庫中的字段名稱

D. 數據庫中的字段值、數據庫中的字段、數據庫中的名稱

【答案】　A

[考題例證·多選]　在數據清單下，可以執行的數據管理和分析功能包括（　　）。

A. 排序　　　　　　　　　　B. 篩選

C. 分類匯總　　　　　　　　D. 插入圖表和數據透視表

【答案】　ABCD

[考題例證·判斷]　數據的分類匯總是指在數據清單中按照相同類別對數據進行匯總統計。　　　　　　　　　　　　　　　　　　　　　　（　　）

【答案】　×

自　測　題

一、單項選擇題

1. 同時選定相鄰的多個單元格時，應該按住（　　）鍵。

　　A. Enter　　　　B. Shift　　　　C. Alt　　　　D. Ctrl

2. Excel 2013 文件的擴展名是（　　）。

　　A. .xlsx　　　　B. .xls　　　　C. .ppt　　　　D. .doc

3. Excel 工作表 A1 單元格的內容為公式「＝SUM(B2:D7)」，在用刪除行的命令將第 2 行刪除後，A1 單元格中的公式將變為（　　）。

　　A. ＝SUM(ERR)　　　　　　　　B. ＝SUM(B3:D7)

　　C. ＝SUM(B2:D6)　　　　　　　D. ＃VALUE!

4. 編輯欄內的「＝」圖標是（　　），用來在活動單元格中創建公式。

　　A. 輸入按鈕　　B. 取消按鈕　　C. 鼠標指針　　D. 編輯公式按鈕

5. 使用「文件」菜單中的「保存」命令，保存的是（　　）。

　　A. 當前工作表　　　　　　　　B. 全部工作表

　　C. 當前工作簿　　　　　　　　D. 全部打開的工作簿

6. 在 Excel 中,在打印學生成績單時,對不及格的成績用醒目的方式表示,當要處理大量的學生成績時,利用( )命令最為方便。

  A. 查找   B. 條件格式   C. 數據篩選   D. 分類匯總

7. 在 Excel 的活動單元格中,要將數字作為文字來輸入,最簡便的方法是先鍵入一個英文狀態符號( )後,再鍵入數字。

  A. ♯   B. '   C. "   D. 空格

8. 在 Excel 中選取「自動篩選」命令後,在清單上的( )出現了下拉式按鈕圖標。

  A. 字段名處   B. 所有單元格內

  C. 空白單元格內   D. 底部

9. 在 Excel 中指定 A2 至 A6 五個單元格的表示形式是( )。

  A. A2,A6   B. A2&A6   C. A2;A6   D. A2:A6

10. 在 Excel 單元格中輸入字符型數據,當寬度大於單元格寬度時正確的敘述是( )。

  A. 多餘部分會丟失

  B. 必須增加單元格寬度後才能錄入

  C. 右側單元格中的數據將丟失

  D. 右側單元格中的數據不會丟失

11. 關於高級篩選,下列說法中錯誤的是( )。

  A. 篩選條件和表格之間必須有一行或者一列的間隙

  B. 可以在原有區域顯示篩選結果

  C. 可以將篩選結果複製到其他位置

  D. 不需要寫篩選條件

12. 下列關於插入圖表的說法不正確的是( )。

  A. 插入的圖表可以根據需要輸入標題

  B. 插入的圖表可以根據需要輸入各軸所代表的含義

  C. 插入的圖表不可以進行位置的調整

  D. 可以調整插入圖表的大小

13. 下列說法中,正確的是( )。

  A. 自動篩選需要事先設置篩選條件

  B. 高級篩選不需要設置篩選條件

  C. 進行篩選前,無需對表格先進行排序

D. 自動篩選前,必須先對表格進行排序

14. Excel 操作中,成績放在單元格 A1,要將成績分為優良(大於等於 85)、及格(大於等於 60)、不及格三個級別的公式為(　　)。

　　A. =if(A1>=85,"優良",if(A1>=60,"及格",if(A1<60,"不及格")))

　　B. =if(A1>=85,"優良",85>A1>=60,"及格",A1<60,"不及格")

　　C. =if(A1>=85,"優良"),if(A1>=60,"及格"),if(A1<60,"不及格")

　　D. =if(A1>=85,"優良",if(A1>=60,"及格","不及格"))

15. 以下(　　)不是資產折舊函數。

　　A. SLN　　　　B. PMT　　　　C. SYD　　　　D. DDB

16. 單元格右下角的黑點被稱為(　　)。

　　A. 黑點　　　　B. 填充柄　　　　C. 邊界　　　　D. 編輯區

17. 移動點擊輸入數值所在單元格的地址後,單元格將處於(　　)。

　　A. 被操作狀態　　B. 被選擇狀態　　C. 數據點模式　　D. 被編輯狀態

18. Excel 默認使用的單元格引用是(　　)。

　　A. 絕對引用　　B. 混合引用　　C. 直接引用　　D. 相對引用

19. 下列格式中,可以進行跨工作表單元格引用的是(　　)。

　　A. 工作表名@數據源所在單元格地址

　　B. 工作表名！數據源所在單元格地址

　　C. 工作表名#數據源所在單元格地址

　　D. 工作表名％數據源所在單元格地址

20. 單元格 A1、B1、C1、D1 的內容分別是 2,3,4,5,在單元格 E1 中使用公式「=MAX(A1:D1)」,則 E1 單元格的內容是(　　)。

　　A. 2　　　　B. 3　　　　C. 5　　　　D. 14

21. 單元格 A1 中的數據是「會計軟件」,B1 單元格的公式是「=RIGHT(A1,2)」,則 B1 單元格的內容是(　　)。

　　A. 會計　　　　B. 軟件　　　　C. 件　　　　D. 會

22. SYD(cost,salvage,life,per) 函數中,cost,salvage,life,per 參數分別代表(　　)。

　　A. 固定資產原值、固定資產的殘值、固定資產的折舊期數、第幾期

　　B. 固定資產原值、固定資產的殘值、餘額遞減速率、第幾期

　　C. 固定資產原值、餘額遞減速率、固定資產的折舊期數、第幾期

　　D. 固定資產原值、固定資產的殘值、第幾期、固定資產的折舊期數

23. 某單元格的公式是「=LEN("會計軟件")」,則單元格的返回值是(　　)。

　　A.會計　　　B.4　　　C.8　　　D.軟件

24. 函數 SUM(A1:A3)相當於公式(　　)。

　　A.=A1+A2+A3　　　　　　B.=(A1+A2+A3)/3

　　C.=A1+A3　　　　　　　　D.=(A1+A3)/2

25. 按快捷鍵(　　)可以完成 Excel 軟件的退出。

　　A.Ctrl+O　　B.Alt+F4　　C.Ctrl+F4　　D.Ctrl+S

二、多項選擇題

1. Excel 的數據類型包括(　　)。

　　A.數值型數據　　B.字符型數據　　C.邏輯型數據　　D.日期型數據

2. 下面重命名工作表的操作中,正確的有(　　)。

　　A.單擊工作表標籤,然後輸入新名稱

　　B.右鍵單擊工作表標籤,選取快捷菜單中的「重命名」命令,然後輸入新名稱

　　C.選取「格式」菜單「工作表」命令,再選取「重命名」子命令,然後輸入新名稱

　　D.雙擊工作表標籤,然後輸入新名稱

3. 要在當期工作表 Sheet1 的 A2 單元格中計算工作表 Sheet2 中 B1 到 B5 單元格的和,則在當前工作表的 A2 單元格中輸入的公式,下列不正確的有(　　)。

　　A.=SUM(Sheet2!B1:B5)　　　　B.=SUM([Sheet2]!B1:B5)

　　C.=SUM(B1:B5)　　　　　　　　D.=SUM(Sheet2!B1:Sheet2!B5)

4. 當單元格右下角出現黑色十字形的填充柄時,可進行的操作有(　　)。

　　A.可填充相同的數據

　　B.可填充具有一定規律的序列

　　C.只可以向上、下方向進行填充

　　D.可以向上、下、左、右四個方向填充

5. Excel 對數據的保護,體現在對(　　)的保護。

　　A.工作簿　　　B.工作表　　　C.單元格　　　D.行和列

6. 數據的高級篩選中,在設置篩選條件時,下列說法正確的有(　　)。

　　A.同一行表示「或」的關係　　　B.不同行表示「或」的關係

　　C.同一行表示「與」的關係　　　D.不同行表示「與」的關係

7. Excel 具有(　　)功能。

　　A.電子表格處理　　　　　　　B.圖形處理

　　C.數據庫管理　　　　　　　　D.文字處理

8. 下列屬於數據透視表的設置內容的有( )。

　　A. 重新設計版面佈局　　　　　　B. 設置值的匯總依據

　　C. 設置值的顯示方式　　　　　　D. 進行數據的篩選

9. 在 Excel 編輯欄中輸入所需的數字後,按( )鍵,不能實現當前所有活動單元格內填充相同內容。

　　A. Alt＋Enter　　　　　　　　　B. Del＋Enter

　　C. Shift＋Enter　　　　　　　　D. Ctrl＋Enter

10. 在 Excel 中,( )不是函數 MIN(4,8,False)的執行結果。

　　A. 4　　　　B. －1　　　　C. 0　　　　D. 8

11. 在 Excel 中,修改工作表名字的操作可以從( )工作表標籤開始。

　　A. 用鼠標右鍵雙擊

　　B. 用鼠標右鍵單擊

　　C. 用鼠標左鍵雙擊

　　D. 按住 Ctrl 鍵同時用鼠標左鍵單擊

12. 在 Excel 中,下列等式能夠得到正確結果的有( )。

　　A. ＝4＊7　　　　　　　　　　　B. ＝B3＊800－SUM(D2:D8)

　　C. ＝SUM(B6＋C9)　　　　　　　D. ＝"C5＋C6"＋"E8－E10"

13. 在 Excel 中,公式 SUM(B1:B4)等價於( )。

　　A. SUM(A1:B4,B1:C4)　　　　　B. SUM(B1＋B4)

　　C. SUM(B1＋B2,B3＋B4)　　　　D. SUM(B1,B2,B3,B4)

14. Excel 2007 及以上版本的默認用戶界面基本相同,主要由( )等要素組成。

　　A. 功能區　　　B. 編輯區　　　C. 工作表區　　　D. 狀態欄

15. Excel 中,可以使用「選擇性粘貼」命令有選擇地粘貼剪貼板中的( )。

　　A. 數值　　　B. 格式　　　C. 公式　　　D. 批註

16. 下列函數應用於 Excel 文本函數的有( )。

　　A. IF　　　　B. LEN　　　　C. RIGHT　　　　D. MID

17. 下列公式引用屬於混合引用的有( )。

　　A. ＝SUM(A1:A3)　　　　　　　B. ＝SUM(＄A＄1:＄A＄3)

　　C. ＝SUM(＄A1:＄A3)　　　　　D. ＝SUM(＄M1:＄M3)

18. 記錄單又稱數據記錄單,是數據清單中進行( )相關記錄的對話框。

　　A. 快速添加　　　B. 查找　　　C. 修改　　　D. 刪除

19. Excel 中數據的排序的方法有（　　）。

　　A. 快速排序　　　B. 自定義排序　　　C. 手工排序　　　D. 拖動排序

20. 使用高級篩選的操作步驟為（　　）。

　　A. 需要編輯條件區域

　　B. 需要打開「高級篩選」對話框

　　C. 需要選定或輸入「列表區域」和「條件區域」

　　D. 需要單擊篩選菜單

21. 數據透視表的佈局框架由（　　）要素構成。

　　A. 頁字段　　　B. 行字段　　　C. 列字段　　　D. 數據項

三、判斷題

1. 可同時選定不相鄰的多個單元格的組合鍵是 Shift。可同時選定相鄰的多個單元格的組合鍵是 Ctrl。　　　　　　　　　　　　　　　　　　　　　　（　）

2. 圖表只能和數據源放在同一個工作表中。　　　　　　　　　　　　（　）

3. 如果要對數據清單進行分類匯總，必須對要分類匯總的字段排序，從而使相同的記錄集中在一起。　　　　　　　　　　　　　　　　　　　　　　（　）

4. 在使用函數進行運算時，如果不需要參數，則函數後面的括號可以省略。

　　　　　　　　　　　　　　　　　　　　　　　　　　　　　　（　）

5. 如果在工作表中插入一行，則工作表中的總行數將會增加一個。（　）

6. 在 Excel 中，假定存在一個數據庫工作表，內含系科、獎學金、成績等項目，現要求計算各系科發放的獎學金總和，則應先對系科進行排序，然後執行「數據—分類匯總」命令。　　　　　　　　　　　　　　　　　　　　　　（　）

7. Excel 中的密碼保護中，密碼不區分大小寫。　　　　　　　　　　（　）

8. Excel 只能編製表格，但不能實現計算功能。　　　　　　　　　　（　）

9. 在 Excel 中，同一工作簿內的不同工作表，可以有相同的名稱。　（　）

10. 在 Excel 中，用鼠標單擊某單元格，則該單元格變為活動單元格。（　）

11. 複製單元格時，只同時複製單元格的格式。　　　　　　　　　　（　）

12. 在 Excel 2013 中，用戶可以自定義快速訪問工具欄。　　　　　　（　）

13. 要使單元格內容強制換到下一行，需按下組合鍵 Ctrl＋Enter。　（　）

14. Excel 中，單元格的引用分為相對引用、絕對引用和混合引用 3 種。（　）

國家圖書館出版品預行編目(CIP)資料

會計電算化 / 魏戰爭 主編. -- 第一版.
-- 臺北市：財經錢線文化出版：崧博發行, 2018.11
　面； 公分
ISBN 978-957-680-251-5(平裝)
1.會計資訊系統
495.029　　107018105

書　名：會計電算化
作　者：魏戰爭 主編
發行人：黃振庭
出版者：財經錢線文化事業有限公司
發行者：崧博出版事業有限公司
E-mail：sonbookservice@gmail.com
粉絲頁　　　　　網　址：
地　址：台北市中正區延平南路六十一號五樓一室
8F.-815, No.61, Sec. 1, Chongqing S. Rd., Zhongzheng
Dist., Taipei City 100, Taiwan (R.O.C.)
電　話：(02)2370-3310　傳　真：(02) 2370-3210
總經銷：紅螞蟻圖書有限公司
地　址：台北市內湖區舊宗路二段 121 巷 19 號
電　話：02-2795-3656　傳真：02-2795-4100　網址：
印　刷：京峯彩色印刷有限公司（京峰數位）

　本書版權為西南財經大學出版社所有授權崧博出版事業有限公司獨家發行電子書及繁體書繁體版。若有其他相關權利及授權需求請與本公司聯繫。
定價：450元
發行日期：2018 年 11 月第一版
◎ 本書以POD印製發行